AI 策略｜人與企業的數位轉型

AI for People and Business
A Framework for Better Human Experiences and Business Success

Alex Castrounis　著

王薌君 / 盧建成　譯

Praise for AI for People and Business

對了解 AI 並開啟其優勢有興趣的企業高階經理人和管理者必讀。Alex Castrounis 簡化了複雜的主題，使每個人都可以開始在其組織中運用 AI。

—— *Uber 總經理兼總監，Dan Park*

Alex Castrounis 一直在第一線幫助組織了解 AI 的前景並運用其優勢，同時避免許多可能阻礙成功的陷阱。在這本重要的書中，他與我們分享了他的專業知識。

—— *Lightbend 快速資料工程副總裁，Dean Wampler 博士*

由於 AI 對許多不同產業產生了巨大影響，對於所有組織領導者而言，建立對於 AI 的基本理解是迫在眉梢並至關重要的……而這本書正提供了這一點。

—— *Google 總監，David Bledin*

早該深入探討 AI 如何改變組織生態系統和浸淫在其中的人們的生活。AIPB 框架是每個企業人士往 AI 旅程的基本路線圖。

—— *Numinary Data Science 技術長、*
《Real World Machine Learning》的共同作者，Mark Fetherolf

一本結構完整、可讀性高、非技術性概述，主題是經常被誤解的 AI 和機器學習科學。我強烈推薦這本書給企業領袖和渴望了解這一重要領域好奇的消費者。

—— *天使投資人和 Astra Pharmaceuticals NA 前財務長，*
Richard B. Noyes

目錄

前言

此框架和此書背後的動機

我以優異成績獲得應用數學碩士學位後，成為一名印第（IndyCar）賽車工程師和比賽策略師，參加了全球 100 多場比賽，其中有多場是印第安納波利斯 500。我也在安德烈提車隊（Andretti Autosport）負責車輛動力學和資料科學部門，幫助提升四輪印第賽車隊的成績。

在美國職業賽車運動中，贏得印第安納波利斯 500 是終極目標。我在高中時參加了我的第一場印第安納波利斯 500。如果你還未去過，我強烈推薦你去看看。這項賽事真的是賽車界最偉大的奇觀，也是全世界最大的單日體育賽事。從容納量來看，賽道本身是世界上最大的運動設施（*http://bit.ly/2Wzj0a2*）。

我參加的第一年，即 1992 年，印地 500 出現了史上最接近的完賽成績（到現在還保持紀錄）。最後小阿爾（Al Unser, Jr）以 0.043 秒的差距贏了史考特（Scott Goodyear）奪冠！你想想看！在開了近三個小時後，而差距還不到十分之一秒的一半！平均速度 220 多英里／小時，距離是 500 英里（相當於從芝加哥開車到多倫多）。

那震撼了我，我走出印第安納波利斯賽車場（IMS）的那天，告訴和我一起去的人，有一天我會參加印第賽車，我真的實現了。此外，非常有緣地，我的賽車生涯始於為小阿爾（Al Unser, Jr.）工作，這位車手贏得了我小時候參加的那場印地 500 比賽。我加入 Alan Mertens 旗下擔任總助理工程師，Alan Mertens 設計了小阿爾 1992 年獲勝的那輛車！

圖 P-1 是 2007 年印第安納波利斯 500 賽後,《Racer》雜誌上一篇文
章的照片,當時我是戴維(Davey Hamilton)的賽車工程師和策略
師。我在照片的右側,正慶祝從一開始的第 20 位最後前進到第 9 位,
這是 Davey 在 2001 年在德克薩斯賽車場(Texas Motor Speedway)
發生可怕的大規模撞車事故,並進行了 23 次手術以重建他的腿和腳後
的非凡復出比賽。

DAVEY'S ON THE ROAD AGAIN
Six years on, Hamilton's return reaps reward

Not long ago, Davey Hamilton was declared disabled and allowed to collect disability benefits. That's how severe his foot injuries were. It also illustrates the depth of his comeback from injuries so severe, doctors initially thought they would have to amputate. Instead, they saved his feet through a series of complicated surgeries that included rebuilding tiny blood vessels and skin grafts.

Six years after a frightening crash smashed his feet, Hamilton returned to a race car for the 91st Indianapolis 500. He finished ninth, a remarkable result given the circumstances.

"It was a long, tough road," Hamilton said. "The first two years, it was definitely a life-changing experience for sure. I had a lot of mental anger, really just wanting to know why, then not knowing if I was going to keep my legs, if I was going to be able to walk, and if I could, how well, how much pain. Mentally, that plays on you. Racing drivers do whatever it takes to make it to the next race. We're always busy. To be lying in a hospital bed with those injuries, it was tough mentally."

The deal with Vision Racing and Hewlett-Packard only involved Indy, but Hamilton wants more. "I'm trying to put something together," he says. "We'll see where it leads, but I definitely have more left."

Considering that little more than four years ago he was in a wheelchair, Hamilton's story astounds even the primary character.

"I did feel at times it wasn't going to happen," he said. "But I just couldn't talk myself into that."

It was a long and painful path for Davey Hamilton, but his ninth-place Indy 500 finish was a worthy reward for his 23 surgeries.

圖 P-1 《Racer》雜誌於 2007 年印第安納波利斯 500 的文章(經《Racer》雜
誌許可轉載)

隨著我的賽車生涯發展,我很快了解到職業賽車運動需要有「類固
醇」以產生競爭優勢。在那樣等級的比賽中,需要極度的創新、持
續的優化、完善、對大量資料的進階分析、牢不可破的團隊合作和協
作,以及用幾乎不可能的速度去執行和適應的能力。所有這些都伴隨
著巨大壓力和責任。歸根究底,職業賽車運動就是在盡可能短的時間

內得到最多見解,以驅動決策、行動和結果並從中受益。這就是競爭優勢和最佳結果產生的方式。

作為一名印第賽車工程師和比賽策略師,我使用 AI、機器學習和資料科學來優化賽車設置和比賽策略,依據車手、賽道類型(超級賽道、短橢圓賽道、公路賽道、街道賽道)和條件(天氣、賽道表面)的不同,我能夠幫助我的團隊贏得許多比賽和登上領獎台,包括在加州長灘贏得歷史性的 Champ Car(前身為 CART)比賽。我直接與許多著名的車手和車隊老闆合作,像是 Michael Andretti、Al Unser、Jr.、Jimmy Vassar、Will Power、Tony Kanaan、Danica Patrick 和 Ryan-Hunter Reay 等。

你可能想知道上述這些與這本書、它所談的框架以及 AI 有什麼關係?答案是所有都有關係!讓我解釋一下。

在賽車業大約 10 年後,我決定轉到科技業。我很快意識到,就像在比賽一樣,公司也在不斷努力擊敗競爭對手以取得勝利。我很快就明白,贏得比賽需要的東西不僅適用於賽車,也適用於公司,無論業別或規模。雖然每家公司對獲勝的定義可能不同(例如,實現特定的企業利潤和成長目標),但獲勝所需要的東西是相同的。在賽車和企業中,獲勝,尤其是持續獲勝,需要競爭優勢,即以競爭對手無法做到的方式去理解、採取行動並達到績效的能力。

根據我在賽車和企業兩邊的專業經驗,競爭優勢主要來自兩個部分。首先,對於具有某種使用者介面(UI)形式的產品,競爭優勢來自卓越的設計、優化的使用者體驗(UX)以及令人愉悅的功能。另一個部分,在我看來最重要的是,它來自於擁有「對」的資料、創建一個成功的策略來運用它、執行該策略,然後隨著時間使用資料不斷改善和最佳化。

自離開賽車界後，我運用自己在企業、分析和產品管理方面的專業，幫助各行各業各種規模的公司，從技術創新和數位轉型中受益，並建構出色資料產品。透過演講和教學，我也幫助了成千上萬的人們掌握資料科學和進階分析的內容和好處。

我現在是 InnoArchiTech 的創辦者、CEO 和首席顧問，這是一家資料和分析的顧問公司，幫助企業領導者知道如何處理他們的資料。我的主要目標是幫助企業領導者發展出願景和策略，從他們自己的資料中受益，並建構出色的資料產品和解決方案。我非常希望能幫助消除對資料科學和進階分析有關的困惑。

本書及其中提出的框架，乃基於這些目標和我近 20 年的真實創新、經驗和專業；它旨在透過端到端 AI 創新，建構會成功的 AI 願景和策略，導引你創造出更好的人們體驗和企業成功。

本書導覽

本書分為四個部分。第一部分介紹並詳細說明了為了人和企業的人工智慧（AI for People and Business, AIPB）框架、其「北極星」、優勢和組成。結尾概述 AI 和機器學習的非技術性部分，以及現實世界中的 AI 應用和機會。這將有助於激發想法，並對 AI 應用和使用案例，提供了制定其願景和策略所需的情境。

第二部分是關於制定 AI 願景。首先深入討論為什麼要追求 AI，接著討論為不同的利害關係人（如企業、客戶和使用者）定義與 AI 願景一致的目標。然後，我們會探討人們需要什麼、想要什麼，以及如何將這些轉變為出色的 AI 產品和更好的人類體驗。

第三部分是關於制定 AI 策略。其專注於科學創新、AI 準備和成熟度等概念，以及實現 AI 成功的關鍵考量因素。你應該使用這些概念來執

行適當評估（如 AIPB 所定義的），以發展出策略來填補差距並解決關鍵考量因素，同時也發展出符合願景的 AI 解決方案策略。

第四部分討論了 AI 對工作的潛在影響、最終想法和 AI 的未來，特別是要期待和注意什麼。

請自由訪問 *https://aipbbook.com* 以得知最新的 AIPB 資訊和資源。感謝你購買這本書。我希望你喜歡它！

致謝

我要感謝你讀這本書。撰寫它是一個重大且非常艱鉅的任務，如果你閱讀它並藉此學到某些新的有價值的事物，那麼它的存在就值得了。

我要感謝 Alan Mertens 和 Chris Mower 冒著風險聘請了一位不知名且相對缺乏經驗的賽車工程師和賽事策略師。正因為他們，我才能在最高水準的職業賽車運動中工作、參加比賽、環遊世界，且與這項運動在歷史上最偉大的一些人一起工作，並體驗了贏得比賽後難以言喻的興奮。所有這些奠定了我賽車專業的成功基礎。

感謝在我的專業旅程（職業生涯）中幫助過我的所有老師、專家、同事和導師。為助益他人而分享知識和專業的人，肯定有助於讓世界變得更美好。

感謝 Matt Mayo，你是一位出色的協作者，並讓我能與 Marsee Henon 聯繫。

我要感謝我書籍的審閱者 Beth Partridge 和 Matt Kirk。兩位都提供了寶貴的見解和想法，我的書因為他們的幫助而變得更好。此外，我要感謝本書中所引用到的高品質作品和想法的所有人們，以及在此過程中提供過建議的每個人。

感謝 O'Reilly Media 的所有人，即使我可能沒有直接或特別與你們互動，但你們幫助我製作出這本書。我還要感謝 O'Reilly Media 出版我的書。我讀過很多 O'Reilly 的書、參加過研討會、從其線上學習平台中受益，而且我還是個粉絲。很榮幸藉這本書讓我的名字列入 O'Reilly Media 的行列。

特別是在 O'Reilly，我要感謝 Marsee Henon 將我介紹給 Mike Loukides，他是我的組稿編輯。感謝 Mike 和 O'Reilly 的 Nicole Tache 分享我對這本書的看法，提供了出色的想法，並幫忙使這本書實現。我還要感謝 Nicole 的編輯工作，幫助我進行了許多必要的改善。

我要感謝所有參與本書的 O'Reilly 製作人員，特別是 Rebecca Panzer 和 Nan Barber。我還要感謝 Bob Russell 的專業審稿。

我要特別感謝我的開發編輯 Jeff Bleiel，他提出了所有傑出的想法和改進處，當我在咖啡店工作時，忍受會議期間的嘈雜音樂和濃縮咖啡機噪音。最重要的是，我要感謝 Jeff 身為一位出色的協作者，並幫助我的書變得更好。

我要感謝 Kate Shoup，一位親愛的朋友和作者。她廣泛的專業寫作和編輯經驗和建議，已被證明是無價的。她還是比賽活動的出色主持人。感謝所有支持我人生的好朋友。

特別感謝我的家人和朋友，他們一直提供愛和支持。我要特別感謝 Nancy、Richard Noyes、Lourdes 和 Alain Weber，感謝他們在整個寫作過程中的關注、關心和鼓勵。我要特別感謝 Richard 迅速幫忙審閱，然後提供了很好的見解和建議。

最後，這本書要獻給我摯愛的妻子 Stephanie 和媽媽 Linda。我要感謝我的媽媽，感謝她堅定不移的愛、支持以及為我一生中所做出的犧牲。基於這一點，以及她對教育的重視和多重選擇，在很大程度上幫助我達到了現在的位置。最後，我要感謝我的妻子在整個本書寫作過程中以及總體上給予的堅強而堅定的愛、支持和耐心。她的智慧、觀點和協助，幫助我做得更好。沒有她，我不可能寫出這本書。

PART I

為了人和企業的 AI

AI 令人興奮、感覺很厲害,且改變了遊戲規則。主流的強力炒作,以至於 AI 幾乎出現在每個人的用語中,變成了常用字,但其實大多數人都不太理解 AI。

你問過自己以下任何問題嗎?

- 什麼是 AI,它可以為我的企業帶來什麼價值?它能為我的客戶、使用者甚至是我,帶來什麼價值?

- 我如何用 AI 和我的資料制定願景和策略?

- 我如何決定我是否準備好推行 AI 提案以及我的主要考量是什麼?

- 我如何為我的企業識別出 AI 的具體機會、使用案例和應用?

- 我如何應用 AI 來解決符合我目標的現實問題?

- 我如何衡量 AI 提案的成功?

- AI 與機器學習、資料科學、神經網路和深度學習有何不同?

- 我需要哪些資料來驅動 AI 應用?

- 我如何以合乎道德、不偏倚和合規的方式運用 AI?

- 是否有一個框架可以使用,讓我從 AI 中獲得最大價值,同時降低風險並確保最大的成功機會?

如果你想了解上述任何一個問題的答案，那麼這本書就是為你而寫。另外，最後一個問題的提示—答案是「是」，它被稱為為了人和企業（AI for People and Business, AIPB）框架，本書就是在講這個！本書的目標是希望基於 AIPB 回答上述所有問題，至少在大框架概念上。這也是一本有關創新的書，本書的另一個主要目標是幫助高階經理人和管理者發展出一個願景和策略，以建構出色的、非常成功的 AI 產品和服務，從而創造更好的人們體驗和商業成功。

知道了這些，歡迎閱讀本書的第一部分。第一部分首先討論成功的 AI 是什麼樣子的，以及實現它的挑戰。接下來介紹本書的基本架構 AIPB。討論是什麼使 AIPB 獨特而強大，包括其「北極星」、優勢、結構和方法。

第一部分總結了 AI 和機器學習的非技術觀點，以及概述了現實世界 AI 的應用和機會。這將有助於激發想法並幫你建立總體概況理解，而這是用 AI 相關使用案例和應用，來發展願景和策略所需的。

本書的第二部分特別著墨於建立 AI 願景，而第三部分著墨於建立 AI 策略。

讓我們先了解什麼是用 AI 取得成功。

Chapter 1

用 AI 取得成功

如果你是高階經理人或管理者又對在組織內運用 AI 感興趣，本書很適合你。如果你想了解到底 AI 是什麼、為什麼 AI 能夠為你的企業和與之互動的人們提供價值、如何識別出 AI 的機會，以及如何建立和執行一個成功的 AI 願景和策略，那麼本書也很適合你。

閱讀本書應該有助於消除人們對 AI 模糊不清和神秘的認知，並提供你一個對的評估工具、流程和指引，以便你和你的企業能獲得必要的、適當層級的理解並立即開始使用 AI。本書也將有益於資料和分析實作者（例如，資料科學家）以及任何有興趣從策略、企業層面觀點更了解 AI 的人。

本書、及所介紹的 AIPB 框架，希望能幫助回答你對 AI 的問題並指引你用 AI 取得成功的旅程。

奔向企業成功

正如我在前言所提的，美國職業賽車的最終目標是贏得印第安納波利斯 500。而在該賽事中，什麼事都有可能發生，即時對資料（像是歷史事件、感測器資料、遙測、電腦模擬、駕駛員回饋等）進行進階分析，使一切變得不同。自從我轉至擔任印第賽車工程師和各團隊比賽策略師的技術工作開始，我發現企業也同樣如此。在大數據和進階分析的時代，建立和執行一個願景和策略，以將公司的資料轉為最佳結果，可能是唯一致勝之道。

僅仰賴歷史先例、簡單分析和直覺來做出決策和採取行動，不再能使工作完成，也無法追求到短效目標或商品化技術。然而，太多企業仍陷於現狀。越來越多的成功者，是那些能有效使用分析的人；也就是那些從資料中淬鍊出模式、趨勢和見解等資訊，以做出決策、採取行動並產出結果的人。這包含傳統分析和進階分析，這兩者是互補的。

我用**進階分析**這樣概括式的用語，類似於 Gartner（*https://gtnr.it/2Rcb513*）給定的定義：「進階分析是使用複雜的技術和工具，對資料或內容進行自主或半自主檢驗，通常超出傳統商業智慧（BI）所做的，以發現更深層的見解、做出預測或產生建議。」進階分析技術包括處理 AI、機器學習以及其他本書所涵蓋的相關技術。

只有當你知道如何使用資料時，資料才是核心優勢。無論核心商品是什麼，所有公司都應該開始將自己視為資料和分析公司。只有加入資料，是競爭中領先的關鍵一步，同時還能增強能力，以創造出人和企業的巨大利益。

許多公司越來越了解這一點並希望進行資料和分析轉型，但卻難以識別出現實世界 AI 的機會、使用案例和應用，以及依據這些來創造願景和策略。

將 AI 概念轉化為人們和企業都能實現的實際利益是很困難的，且需要對的目標、領導力、專業知識和方法。它還需要高階經理人的贊同和全體一致。上述這些就是我所說的**應用 AI 轉型**；也是本書和其中框架的全部內容。請注意，我稱之為**應用 AI 轉型**，而不是數位轉型。我認為這差異是關鍵，而我將簡述其原因。

諸如創新、轉型和突破之類的用語一直出現，而且通常意義很廣泛。同樣地，數位轉型一詞同樣廣泛，且其含義不太明確。不要誤會我的意思，這個用語及其預期含義是有價值的，而且有許多公司絕對需要進行數位轉型，而且越快越好。但只是簡單地說你需要進行數位轉

型，可能會產生更多的問題而不是答案。其中一些問題包括：數位轉型究竟是什麼意思？我們應該使用或先選用哪些具體的技術或技術系統（例如 AI、區塊鏈、物聯網（IoT））？我們如何排序各種數位目標和提案？數位轉型將如何實現及實現多少我們的目標？它要花費多少，又潛在的投資報酬率（ROI）是多少？我們什麼時候才能實現投資報酬率？

「應用 AI 轉型」一詞中的應用、AI、轉型都有其特定含義。相對於 AI 還處於初期階段，及其在實際應用中的有限使用（到目前為止），人們普遍認為 AI 主要是理論性的。而應用這個詞旨在區分理論性 AI 和應用於現實世界個案的 AI，我們現在看到的應用越來越多且多樣化擴散。轉型這個用語正如預期的那樣，且使用在 AI 的情況下，意味著運用 AI 以產生某些無法透過其他方法獲得的好處或結果，或者在其他情況下，更有效地（時間和成本）和更有價值地產生具影響力的結果。在這種情況下，應用 AI 轉型不容意義含糊不清，也代表應用現有和新興 AI 技術來建構可改變企業和人們生活的現實世界解決方案。無論是追求數位轉型或應用 AI 轉型，都需要有一個願景和策略。而 AIPB 就是幫助你以應用 AI 轉型做到這點。

為何 AI 提案會失敗？

AI 提案可能會失敗的原因有很多。原因之一是 AI 通常仍然沒有被很好地理解。很少有高階經理人和管理者真正了解 AI 的真正含義（*https://tek.io/2XbQ gZ0*）、AI 的現狀及其能力、它所代表的價值、AI 成功所需的條件、AI 炒作與現實之間的區別、AI 與其他分析形式相比的差異和獨特優勢、AI 與機器學習之間的差異等。AI 可以為公司、客戶、使用者和 / 或員工帶來巨大的好處，但並不總是很明顯，也不清楚需要哪些資料、技術、時間、成本和權衡。在建構 AI 解決方案之後，也不太知道如何衡量它們是否成功。

公司可能也沒有「對」的資料和進階分析領導者、組織架構或人才。AI 是一個非常技術性的主題領域，且需要有轉譯者介入管理者和進階分析專家之間，在軟體業他們通常由商業分析師和產品經理擔任。跟高階經理人一樣，他們之中也很少有人了解 AI，因此催生了以資料為中心的類似角色（例如，資料產品經理），雖然這相對較新而人才稀缺。此外，公司內部的資料組織處於起步階段，但現實是常見資料組織結構（例如，領導、報告、功能的同步）散落各處。最重要的是，這樣散落各處的資料組織結構可能沒有最佳化，以培養對 AI 提案的內部採用、一致性和理解，也普遍無法成功交付 AI 提案（例如，角色、職責、資源）。

在考量投資於科技時，高階經理人理所當然地關注最終結果、成本、價值實現時間、投資報酬率、風險減輕和管理（例如，偏見、缺乏包容性、缺乏消費者信任、資料隱私和安全），以及是否自建或購買。與經歷數位轉型相關的傳統科技投資（例如，建構行動 app 或資料倉儲）不同，AI 更被視為科學創新，這一概念隱含了與研發相似的不確定性本質。

AI 是一個基於統計和機率的領域，同時於最先進和潛在應用迅速發展。AI 可能無可避免會有一定程度的不確定性。不理解這一點或設定不正確的期望是失敗的另一個潛在原因。以敏捷和精實的方式追求 AI，並適當地尊重 AI 的探索性和實驗性本質。應針對 AI 的獨特特性和潛在挑戰設有專門的評估方法。AIPB 框架旨在幫助公司處理和避免潛在的失敗之處，並最大限度地用 AI 提高成功機會。

最後，要建構成功的又同時有益於人們和企業的 AI 解決方案，除了需要對人們的需求和欲求有基本的了解，還要知道製作出色產品和使用者體驗的要素是什麼，因為其中許多要素將能應用於打造出色的 AI 解決方案。從根本上說，人們使用有用的、比其他替代品更好、有趣又

令人愉快，且帶來良好體驗的產品和服務。能夠實現上述這些要素的 AI 解決方案將會成功，而那些缺少任一要素的 AI 解決方案就可能會失敗。

為什麼 AI 提案能成功？

當決策者嘗試更了解 AI（包含 AI 的優勢、機會、潛在應用和挑戰時），AI 提案及進行中的應用 AI 轉型就會成功。當 AI 提案背後的原因清楚且具體時、對人們和企業的目標保持一致時，並被用作導引其他事物的「北極星」時，AI 提案也會成功。

再者，當優先建立適當的資料和分析組織時（我們在本書中有提到一些建議），AI 提案就會成功。這包括那些能有策略地擔任適當分析角色和職責的領導者、組織結構和人才。這類組織能夠做出以下行動：

- 識別並排序 AI 機會。

- 幫助排序全公司對 AI 的投資。

- 培養 AI 的採用和一致。

- 適當地設定 AI 提案的預期。

- 制定出 AI 的共同願景和策略。

- 幫助打破孤島。

- 使資料和分析民主化。

- 幫助持續提升組織的資料和分析能力。

- 促進文化轉型。從直覺驅動、基於先例、基於簡單分析的組織，成為資料驅動和 / 或資料知情的組織。

- 建構、交付和最佳化成功的 AI 解決方案。

此外，成功的資料和分析組織能夠適當地評估其 AI 準備和成熟度，識別出差距並發展出策略依序來填補這些差距。他們還能夠逐個分析每個提案具體的關鍵考慮和任何相關的權衡，同樣地識別出差距並依序填補它們，並在提案的整個生命週期中根據需要做出正確決定。

資料和分析組織的成員必須能夠具策略性，並根據需要與組織內各功能領域的專家進行跨域合作和協作。AIPB 特別定義了一群高階跨功能專家，他們必須在 AI 提案的某些階段協同工作，以確保取得成功。

創建出能夠實現預期好處的現實交付物，需要一系列有效的迭代階段，而 AIPB 框架對各階段在 AI 情境下進行了獨特定義。AIPB 也對每個階段的產出有相關定義，所有這些都是成功的 AI 解決方案的關鍵要素。理解我們討論的概念，例如科學創新，尤其是在 AI 的情境下，也有助於成功。

運用 AI 的力量取得勝利

為了幫助回答這些問題並實現迄今為止所討論的目標，本書介紹了我根據近 20 年的創新經驗和專業知識所創建的 AIPB 框架。這是我在整個職業生涯中使用後非常成功的真實策略、方法和技術的形式體系，曾用在各種產業各類公司，從 IndyCar 賽車隊到新創公司初期，再到大型企業。它也統合了我的專業知識、我從經驗中獲得的知識，和我在業務、分析和產品管理最佳實務以及追求創新的發現。

我將其稱為為了人和企業的 AI（AIPB），因為它特別專注於創建成功的 AI 解決方案，以使人們有更好的體驗和也實現業務成功。AIPB 將憑藉其獨特且目標導向的「北極星」、優勢、結構和方法，來幫助高階經理人和管理者。它是一個端到端框架，用於導引 AI 提案實現，包含從執行適當評估、制定 AI 願景和策略，再到建構、交付和最佳化生產 AI 解決方案的內容。

本書的意圖並不是說 AIPB 應該取代其他一切的框架。事實上，正如我們將要討論到的，AIPB 是大方向的和模組化的。這意味著對於你的提案或專案來說，你的團隊應該使用最有效的任何框架來輔助（或者我推薦的那些，如果適當的話）。

在說明我發展的此框架，請了解此框架的目的是要幫忙導引你在大方向上思考，以消除你在嘗試使用 AI 創新時所帶來的一些困惑。無論你是否依此框架執行，我認為本書對 AIPB 和所涵蓋的其他主題的討論，將能為在組織中成功使用 AI 提供一種概念性的思考方式。

我們將在接下來幾章中詳細介紹這個全面性的、端到端的 AIPB 框架。本書的其餘部分則將涵蓋任何高階經理人或管理者在適當程度上所應了解的有關 AI 的內容，特別是在發展 AI 願景和策略上。根據我的經驗，發展 AI 願景和策略是本書目標讀者最容易遇到的困難。

這些內容應該有助於決策者更理解 AI，且更自信地在 AI 提案上做出決策和投資。如果能透過理解本書的 AIPB 概念和其他內容，而使高階經理人或管理者能夠在進階分析上更推進一步，那就是所謂的勝利。

如要收到最新資訊和資源，請註冊以收取 AIPB 郵件，請至 *https://aipbbook.com*。

Chapter 2

AIPB 框架的介紹

AI 是一概念、工具和技術的集合，代表著巨大的顛覆性和變革潛力。在定義方面，我們可以將 AI 簡單地視為機器展現的智慧，可以被有益的方式使用（例如，執行任務、做出決策、協助人類、拯救生命）。具體的好處和進階應用，包括幫助盲人和視障人士「看見」（*http://bit.ly/31vKTmP*）以及用視網膜掃描影像，來評估和預測心血管疾病的風險因素（*http://bit.ly/2KdmflG*）。

用 AIPB 框架來發展和執行 AI 願景和策略，是 AI 創新的關鍵，同時嘉惠人們和企業；也就是說，創新可以創造出更好的人類體驗和商業成功。此框架和本書中涵蓋的資訊，對於任何有興趣確保成功交付最大價值和收益的 AI 產品的企業來說，很有價值。

本章的目標是介紹 AIPB 框架以及其基礎：為了人和企業的框架（for People and Business, FPB）。本章深入討論了 AIPB 的好處，同時簡要介紹了建構在其中的基礎組成：評估、方法論和產出組成。我們將在下一章中更詳細地討論這些內容。

請注意，在本書中，我使用簡化且涵蓋性的用語「產品」，來描述任何基於 AI 的業務、產品、服務或解決方案。

創新的基本框架

AIPB 框架是我基於通用性 FPB 創新框架，所發展出的具體應用。
FPB 更通用，是因為我們可以將其套用到任何形式的創新或新興／最
先進的技術上，例如為了人和企業的創新、為了人和企業的區塊鏈、
為了人和企業的物聯網、以及為了人和企業的機器人。

FPB 框架包含了一個「北極星」、一組優勢虛擬組成和四組核心組成，
如圖 2-1 所示。FPB 框架在北極星、優勢、結構和方法上是獨一無
二的。

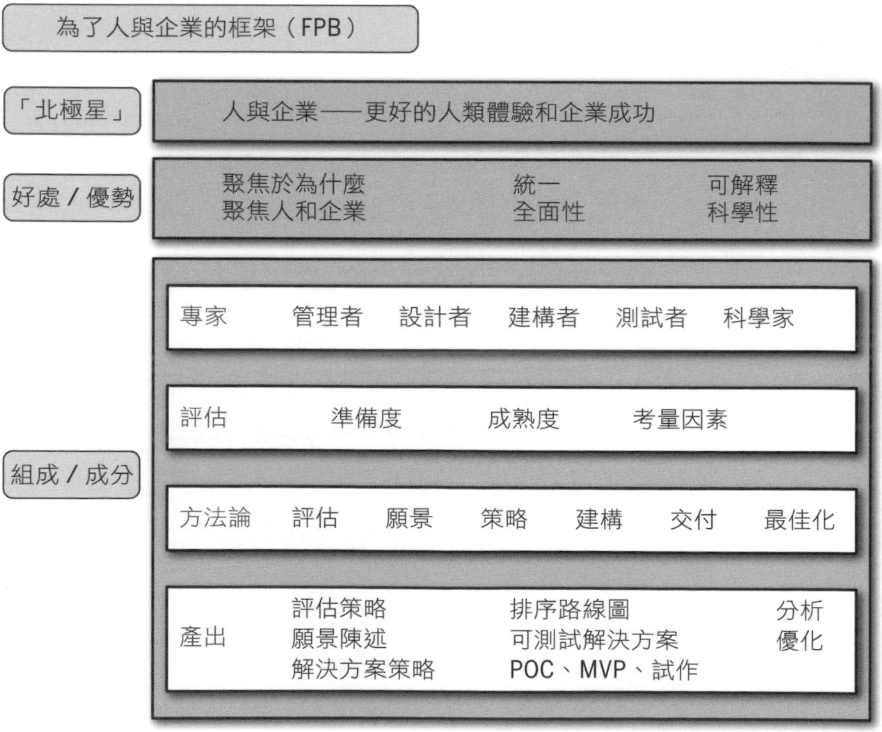

為了人與企業的框架（FPB）		

「北極星」	人與企業──更好的人類體驗和企業成功		
好處／優勢	聚焦於為什麼 聚焦人和企業	統一 全面性	可解釋 科學性

組成／成分	專家	管理者	設計者	建構者	測試者	科學家
	評估	準備度	成熟度	考量因素		
	方法論	評估	願景	策略	建構	交付	最佳化
	產出	評估策略 願景陳述 解決方案策略	排序路線圖 可測試解決方案 POC、MVP、試作	分析 優化		

圖 2-1　FPB 框架

如上圖所示，FPB 的目的是創新且兼顧人和企業，並以創造更好的人類體驗和企業成功為目標，即「北極星」。此框架的獨特優勢由優勢虛擬組成表示，如「北極星」的下面所示，我們將在稍後詳細討論。

這個通用框架的其中部分若依 AI 調整的話，就會變成 AIPB 框架，像是 AI 特定的專家（例如，資料科學家和機器學習工程師）、AI 特定的評估、各階段方法論組成涉及的 AI 特定細節（例如，發展 AI 願景和策略）和特定產出（例如，可行動的見解、擴增智慧和自動化）。若依區塊鏈調整，放入加密專家、不同的評估、不同的願景和策略以及不同的產出，就會變成為了人與企業的區塊鏈。其餘的依此類推。從這裡開始，我們將僅提及 AIPB，但鼓勵你記住 FPB 框架可以推展到其他形式的技術創新。

如果用電梯簡報的方式來快速說明，則 AIPB 作為一個基於 AI 的創新框架，能夠透過其獨特的價值主張：「北極星」、利益和關鍵差異化因素，創造出更好的人類體驗和商業成功（為什麼），這需要專家通過獨特的過程（評估和方法論）進行協作參與，以產生預期的交付物和成果（產出）。

AIPB 的優勢虛擬組成

也許你很疑惑為什麼我在其中加入了一優勢虛擬組成。通常，在介紹或教授框架時會談到框架的好處，但實際上並未融入框架。原因是框架的好處，就像框架的「北極星」一樣，是框架背後的原因；也就是使用框架的全部理由，或者換句話說，就是它的價值主張。如果我們不記得框架或模型為何對我們有益，及為什麼我們應該首先使用它，那麼記住框架或模型中的內容有什麼意義？

在深入探討具體 AIPB 的好處之前,讓我們先討論一下實際的 AI 和機器學習過程以及相關模型。你可能已經熟悉 CRISP-DM,這是一個用於資料挖掘、資料科學和機器學習的一般過程。我創建了自己的流程模型,我稱之為 GABDO AI 流程模型,如圖 2-2 所示,我在附錄 B 中會進行深入介紹。

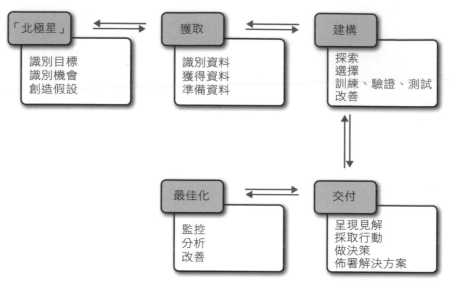

圖 2-2 GABDO AI 流程模型

大多數機器學習過程模型,包括這個模型,都省略了應該發生的前一階段工作;即 AI 或機器學習願景和策略的定義和發展。充其量,其中一些模型提到需要詢問對的問題,並識別出目標和機會,但僅此而已。與我交談過的大多數高階經理人和管理者,都不太知道如何發展現實世界的 AI 願景和策略,也不清楚從哪裡開始。他們並不特別關注戰術層面的機器學習過程,例如 CRISP-DM 和 GABDO,這也是可理解的。我在開發 AIPB 時的一個主要目標,就是要填補這個前提空白。AIPB 做到了這一點,而你將會看到更多。

現有框架和拼圖中的缺失部分

查看 AIPB 獨特方法的一種方式，是將其與現行的業務和產品開發框架、模型和方法論進行比較。有許多流行的框架可用於幫助發展企業策略、最大限度地提高產品開發的成功率、和 / 或促進創新過程。我將它們分為以下流程類別（搭配一些我推薦的特定方法），接下來，我們將稱之為「AIPB 流程分類」：

- 評估（例如差距分析、能力分析）

- 構思和願景發展（例如，設計思考、腦力激盪、五個為什麼）

- 企業和產品策略（例如，優勢、劣勢、機會和威脅 [SWOT]、波特五力分析、成本效益分析（CBA）、產品 - 市場契合金字塔）

- 路線圖排序（例如，延遲成本、CD3、Kano 模型、重要性 vs. 滿意度）

- 需求導出（例如，設計思考、訪談）

- 產品設計（例如，設計思考、UX 設計、以人為中心的設計）

- 產品開發（例如，敏捷、看板、GABDO、持續交付）

- 產品評估、驗證和最佳化（例如，最小可行產品 [MVP]/ 原型設計、成功指標、關鍵績效指標 [KPIs]、可用性測試）

上述這些過程類別和特定方法都很好用（也可用在 AIPB 中，這意味著模組化！），而其中許多具有共同的空白，是 AIPB 打算填補的。這些空白包括：

- 不聚焦於原因或目標（更多聚焦於內容細節、如何做和做什麼）

- 聚焦於企業（而不是聚焦於人）

- 孤立的（涉及有限的參與者群體和廣泛的專業知識）

- 不具全面性（專注於較大流程中的一個子集合）

- 聚焦於文件化資料（重點列表、填寫畫布、白板）

- 不聚焦於可解釋性（無助於在所有利害相關人之間產生共同願景和理解）

- 決定論（假設一切都可以提前知道和計畫）

- 聚焦於組裝（只需按照線性流程或一組步驟來建構解決方案，即可獲得最終結果）

AIPB 作為一個以原因為導向、以人和企業為中心、一體性、全面性、協作／互動性和科學創新的框架，填補了所有這些空白，從而提供了許多顯著的好處。

AIPB 的好處（優勢）

我對 AIPB 的最終目標，是幫助人們了解如何建構 AI 願景和策略，將 AI 應用於現實世界個案，並最終執行其 AI 策略以獲得最大成功。正如你將在本書後面看到的那樣，AIPB 也藉由進行 AI 準備度、成熟度和其他關鍵考量因素的評估，幫助導引出落差的識別以及實施 AI 提案的計畫。

AIPB 提供了以下好處，來填補落差：

- 聚焦於為什麼

- 聚焦於人和企業

- 聚焦於一體性和全面性

- 聚焦於可解釋性

- 聚焦於科學

讓我們談談 AIPB 的每一個獨特優勢，以及它們如何為 AI 創新提供端到端的基礎。這些想法貫徹於整本書中。

聚焦於「為什麼」

傳統了解市場和機會的方法包括初級市場研究，但我認為如果你主要依賴市場研究，則你的創新不夠。人們不知道他們想要什麼，而市場只會告訴你已經存在的東西。

賈伯斯（Steve Jobs）知道這一點，並持續創造全新的產品，這些產品具有在給人們用之前，人們自己並不知道他們會想要的功能。這些人是怎麼做到的？透過了解問題和需求，或者換句話說，了解**為什麼**。因此，我非常建議聚焦於問題和需求研究。這提供了通往真正創新和創造真正偉大產品的更好途徑。

每個參與其中的人，即所有利害關係人，都應該理解**為什麼**而做。在企業中，人員和部門通常透過不同的目標和 KPI 得到激勵。真正的創新需要有一個「北極星」，來說明**為什麼**而建、以及每個人的共同願景和理解，無論特定人員或部門的目標和激勵為何。

這個「**為什麼**」，應該有助於發展成可以轉成現實的一個願景和策略。許多既有框架聚焦於創建要項清單、或在紙上或數位形式填寫畫布，像是一些畫布 AI 和機器學習框架。

不要誤會我的意思，所有這些框架都能提供非常好的導引，但不幸的是，它們都共同具有一些我建議應該要去改變的相同特性。具體來說，它們並不是特別關注願景或策略發展。

聚焦於人和企業

大多數企業框架主要聚焦於企業方面的事物。AIPB 同時聚焦於人和企業。人對於任何企業或產品的成功是非常重要的，這是我在本書中要深入探討的。

一些框架和公司已經開始認識到這一點，並使用像是以客戶為中心和聚焦客戶的用語。有的甚至說我們現在處於客戶的時代。這是在對的方向上所邁出的重要一步，但 AIPB 基於此又精進了兩件事。

第一，並非每個從產品獲得價值的人都是客戶。這些人也可能是使用者或贊助者；此外，「客戶」這個詞，聽起來像是給錢的人。如果我們只說「以人為中心」或「聚焦於人」似乎更好，不是嗎？而這正是 AIPB 目標要做的。

人和企業並不互斥，也不代表是個零和遊戲。人和企業的目標不同，但通常可以同時實現。一個出色的產品，應該能夠同時實現人和企業的目標，而 AIPB 告訴我們如何做到這一點。AIPB 不會將焦點從企業轉移到人；反之亦然。AIPB 聚焦於同時為兩者發展一個願景和策略。

聚焦於一體性和全面性

大多數企業和創新框架只涉及有限人群，因此專業廣度有限。他們也傾向聚焦於更大整體中的單一流程或流程子集合。AIPB 是獨特的，且透過創建一個一體性和全面性的框架，來推動一個有力且共同的創新方法。現在讓我們談談 AIPB 的一體性和全面性部分。

AIPB 是一體的，因為它要求具有適當專業的人員，於特定 AIPB 階段所需要時進行協作，而這**不能僅**包含高階經理人和事業處負責人。優秀的高階經理人和管理者在領導、策略、指導和決策制定上有很多可以著力之處，舉個例子來說，雖然他們經常不太清楚某些主題領域所需的

特定專業知識，包括了解和理解許多應考量的關鍵因素。鑑於此，無論工作類型如何，都應該有對的人參與。請注意，我使用的詞是協作而不是共識。這兩者對我來說有很大的不同，我將在本書後面討論。

本章前面列出的一些框架，假設了有一群具有所需專業的人，同時在一起實踐該框架（例如，填寫畫布）。然而，其他的框架確實也強調了跨功能協作的需要，並提議了應該參與人員的類型，但那些框架可能只聚焦於整體創新過程的一個子集合。

在使用創新框架時，AIPB 識別出企業內應出現的五類人：管理者、設計者、建構者、測試者和科學家，見圖 2-3。

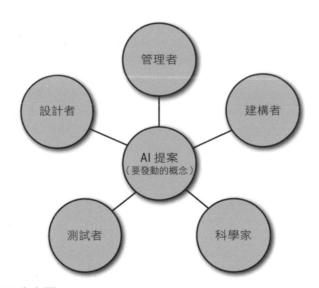

圖 2-3　AIPB 專家群

AIPB 也是一個全面性的框架。AIPB 不只聚焦於創新過程中的一個階段或一些階段，而是旨在能具有全面性和端到端。AIPB 特別包含以下框架組成、類別和階段，且方法論組成的每個階段都有其各自產出。圖 2-4 顯示了三個評估組成類別，圖 2-5 顯示了方法論組成階段和每個階段的產出。

圖 2-4 AIPB 評估組成類別

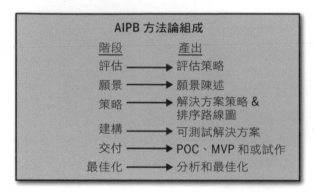

圖 2-5 AIPB 方法論組成階段和產出

在我看來，創新框架必須包含所有這些組成和階段才能被視為具全面性。一個在企業上很好的比擬，是公司內的高階經理人；例如執行長。執行長的共同任務是從財務、營運和兩者的時間性，來對公司有大方向（整體）、端到端的視野；也就是說，深入了解公司的歷史、現狀和未來（例如，目標、計畫、投資和策略）。

AIPB 也同樣對整個端到端創新過程有一個整體性的看法，包括它應該採取的方向（願景和策略）和監督實際執行，同時還規劃著未來。AIPB 也可以在適當和有益的情況下，整合現有框架和模型。從這個意義上說，它是模組化的，而不是規範性的，就像公司的 CTO 不一定要規定軟體開發人員必須使用哪種持續整合框架一樣。

聚焦於可解釋性

當談到 AI 和機器學習，可解釋性變得非常重要，這是真的。就它們的作業方式和結果的含義而言，兩者都可能相當難以理解。讓 AI 更具可解釋性是一個偉大的目標，AIPB 的產出也應該是可解釋的。

畫布類框架的其中一個缺點，是聚焦在空白框框中寫東西和創建要項清單。通常，這些內容需要向沒有參與此過程的人員和／或不太熟悉的人員進一步解釋。你不太可能將填好的畫布交給沒有參與該過程的人，並讓他們僅通過快速閱讀就完全理解其中的內容、價值和含義。而 AIPB 會產生可具解釋性的產出，不需要太多進一步說明。

我非常重視所有東西的**為什麼**，以及在所有關鍵利害關係人之間產生共同願景和理解。我認為創新框架的產出，就應該有助於以很容易解釋的方式來促進上述。

聚焦於科學

AIPB 以科學為重點，因為 AI 和機器學習等創新、新興和最先進科技是關鍵要素，並且本質上是探索性和實驗性的。這很重要，因為它們是奠基於統計和機率，或者換句話說，以某種不確定的形式。這意味著依據 AI 進行規劃和使用 AI 技術的整個過程，在很大程度上不是決定論，因此最好由科學和流程概念（例如科學方法）來表示。

為什麼這是 AIPB 的一個好處？ 因為這管理了期望；也就是說，它有助於設定適當的期望。有一些定律和定理從本質上證明了有一些事情是無法提前知道的，像是最佳演算法、精確資料、最佳資料特性和最佳模型效能之類的。AIPB 認識到這一點並幫助依此設定期望。

結論

在我看來，創新的目的是以新的和強大的方式使人和企業受益。藉由創造和執行跟現實世界解決方案相關的、基於技術的願景和策略來實現，使這些好處成為真實。此外，在關鍵利害關係人之間，創造共同願景和理解以及適當的期望管理是關鍵。若只是使用現有框架，由於存在前面所提到的差距，可能很難以實現。

AIPB 和更通用的 FPB 框架，代表了一種獨特而有效的創新方法，聚焦於同時有益於人類和企業，以創造更好的人類體驗和企業成功。AIPB 填補了大多數現有企業和創新框架的缺漏，並在「北極星」（對人和企業）、利益虛擬組成和四個核心組成方面獨樹一幟，接下來我們將介紹這些。

Chapter 3

AIPB 核心組成

本章我們繼續深入了解，如何使用 AIPB 來創新，以創造出更好的人類體驗和企業成功。你可以回想一下 AIPB 框架，是由北極星、優勢偽組成和四個核心組成而構成的。圖 3-1 可讓你回顧一下。

我們已經在前一章討論了「北極星」和優勢虛擬組成，所以本章讓我們從討論相關比擬來開始，然後詳細看看 AIPB 的四個核心組成：專家、評估、方法論和產出。我們也會討論**翻轉教室**的概念，這是以新的、更有效和有效率的方式，進行創新過程的一個重要因素。

在深入探討 AIPB 核心組成之前，讓我們先用敏捷開發作為 AIPB 某些特徵的比擬。

以敏捷來比擬 / 類比

你可能很熟悉敏捷軟體開發運動和相關方法論，例如 Scrum 和看板。敏捷的創建是為了填補**缺漏**並解決以前使用**瀑布式方法**建構科技產品時遇到的許多問題。AIPB 同樣地打算填補**差距**並改善現有的企業和創新框架。

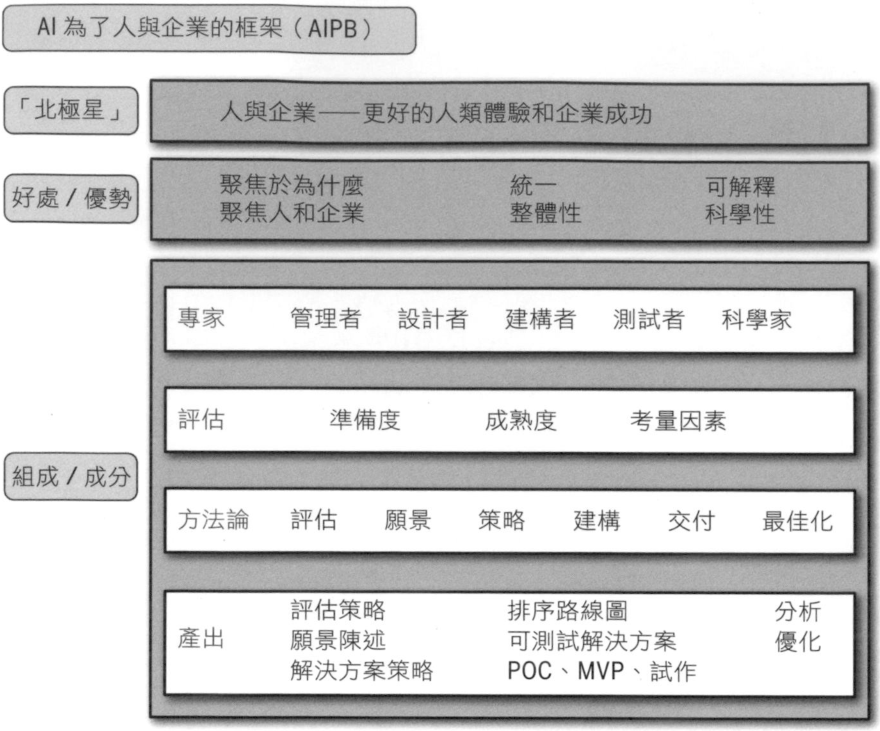

AI 為了人與企業的框架（AIPB）

| 「北極星」 | 人與企業——更好的人類體驗和企業成功 |

| 好處／優勢 | 聚焦於為什麼   統一   可解釋
聚焦人和企業   整體性   科學性 |

| 組成／成分 | 專家   管理者   設計者   建構者   測試者   科學家

評估   準備度   成熟度   考量因素

方法論   評估   願景   策略   建構   交付   最佳化

產出   評估策略   排序路線圖   分析
願景陳述   可測試解決方案   優化
解決方案策略   POC、MVP、試作 |

圖 3-1　AIPB 框架

敏捷是基於**敏捷宣言**和其定義出的四個敏捷軟體開發價值（*https:// agilemanifesto.org/*）：

- 個人與互動重於流程與工具

- 可用的軟體重於詳盡的文件

- 與客戶合作重於合約協商

- 回應變化重於遵循計劃

這四個價值是建構所有敏捷原則和方法論的基礎（有趣的是，這些價值的描述，是用如何（how）和什麼（what）而不是為什麼（why）。相對而言，AIPB 的優勢虛擬組成，即可類比於敏捷的「四價值」，它旨在成為建構其他一切的基礎。

繼續我們的比擬，AIPB 的專家組成，可類比為 Scrum 中定義的角色；[1] 評估組成，可類比為由 Scrum 團隊進行的評估；[2] 方法論組成，可類比為循環性 Scrum 會議（亦稱儀式）；[3] 最後，產出組成，可類比為由 Scrum 定義的「產品產出物」（product artifacts）。[4]

敏捷和 AIPB 都關注人員和流程。敏捷與 AIPB 的不同之處在於，敏捷不一定涉及創新提案從概念到上市所需的所有人員，也不代表端到端的創新過程。

例如，敏捷忽略了創新的大部分願景和策略面向，而更多地聚焦在現有產品路線圖的實際開發、展開和維護。但敏捷方法仍非常有用，我非常喜歡，尤其是看板（Kanban）。我個人推薦用看板進行產品開發，我們可以很容易地將其整合入 AIPB 的建構方法論階段（本章稍後會介紹）。

現在，讓我們討論一下 AIPB 的每個核心組成。

專家組成

在從事 AI 提案時，你必須召集合適的專家。你也應該在每個 AIPB 方法論階段將他們聚集在一起，以進行協作並幫助確保取得最大成功。

通常，做出關鍵產品決策（例如填寫畫布或 SWOT 列表）的人員並不具備所有必要的專業知識。或者，他們無法適當同理目標市場；也就

1　例如，scrum master、產品負責人、團隊成員和利害關係人。這些角色旨在於 Scrum 團隊中協，將企業的聲音、客戶（或使用者）的聲音、領域專業知識和技術專業知識，匯聚起來。這種協作用於決定任何給定產品或產品功能的欲求性、可成性和可行性，並用於執行敏捷產品開發過程本身。

2　例如，技術可行性和 sprint 回顧會議。

3　例如，sprint 計畫（任務和估算）、每日 scrum 會議（又名每日站會）、sprint 評審會議（軟體 demo 和回饋收集）和 sprint 回顧會議。

4　例如，產品路線圖、產品和 sprint 待辦事項以及發佈計畫。

是說，他們不是客戶或使用者，因此更多地從企業角度看事情，即使他們認為不是這樣。

AIPB 框架的關鍵要點和區別，在於合適的專家必須在適當的 AIPB 方法論階段加入協作。不需要達成共識，但需要專家的想法、意見和觀點。依此，提案負責人必須考量所有專業知識來做出最終決定，此職責通常最好由負責產品提案的產品經理擔任，而隨著時間進展，將可能更多交由資料產品經理擔任（一個基於資料和客製分析的新產品管理角色）。

那麼這些專家是誰呢？ AIPB 設立了五類專家：管理者、設計者、建構者、測試者和科學家。根據給定的評估任務或框架的方法論階段，某些人可能落於一個或多個類別。圖 3-2 顯示了這些類別以及每個類別中的一些範例角色。

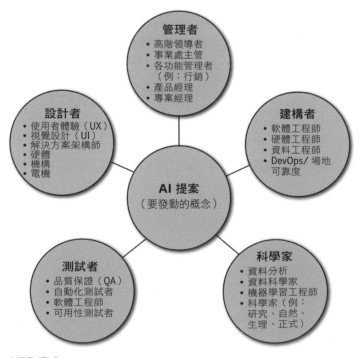

圖 3-2　AIPB 專家

讓我先說明為什麼我選擇將建構者和科學家分開,他們彼此之間有何不同,以及他們與傳統功能性職銜有何不同。

你可能看過《樂高玩電影》(The LEGO Movie)。如果你還沒有,我非常推薦你去看這部電影。該電影以一個名叫艾密特的角色為中心,他是一名建築工人。建築工人是按照說明書用樂高積木建造物件的建構者,就像每個人購買樂高套組後所做的那樣。這本質上與軟體工程師根據產品要求和設計來寫程式,或硬體組裝人員根據規格、材料和設計來建構實體物件一樣。我把這個群體稱為**建構者**—他們根據所提供的一種或多種形式的指示來進行建構。

這部電影還指定了另一個稱為**建築大師**的群體。建築大師是那些能夠利用他們的想像力來發展想法,並為建構新創新物件而創建說明書的人,而他們自己無需明確指令。這些新的想法和物件可以成為建構更多新想法和物件的積木,就像真正的樂高物件一樣。發展新的想法和成果以及驗證和最佳化它們可能需要探索、假設發展和實驗。例如,傳統科學家(和資料科學家)、數學家和工程師就非常符合於這一類。我稱這個群體為**科學家**。

除了先前科學家所建立的定律、定理和實證確定的結果之外,歷史上科學家們從來沒有得到任何指示,讓他們產生新想法、假設和發現。這些歷史性發現提供了指導和基礎,幫助科學家建立新想法和發現,但它們並沒有提供明確指示以獲取特定新發現。

作為建築大師的科學家必須為此發揮他們的專業知識和想像力。更具體地說,新的科學發現來自:建立在先前的科學基礎上進行實驗(想法、實證或兩者兼有),以及進行現實世界或實驗室觀察。在所有情況下,科學家們都不會提前知道他們將發現什麼。相反地,他們以初始想法和假設作為導引。

鑑於 AI 和機器學習的統計、機率和科學性質,科學家這個用法再恰當不過。創新意味著創造某些新事物,因此預設不會有關於如何獲得特定成果的說明書。創新需要專業知識和想像力並結合策略,以驗證關鍵假設、降低風險和實現預期結果。更進一步來說,與不確定性較小的、更具確定性的創新相比,科學創新是一個關鍵的差異化因素,並且肯定可以產生競爭優勢。在面臨重大不確定性的情況下,那些能夠並且已經創造了成功結果的有遠見者和科學創新者,是很偉大的。

簡言之,有些問題如果沒有探索和實驗,根本就不會有答案。這也正是精實和敏捷產品開發背後的概念。創建一個你認為最能滿足給定需求並最有機會符合產品市場的 MVP,然後迭代試驗和測試以達到最佳解決方案(一個無法事先得知的解決方案)。這就是科學方法的運作方式,也是我使用科學家一詞的原因。

最後一點:資料科學家、機器學習工程師和 AI 研究員,並不是這一過程中唯一的科學家。在某些情況下,使用者體驗(UX)設計師和其他人也可以被視為科學家。差別因素在於能否認知需要某種假設和測試或實驗,來進行發現和找尋答案。例如,UX 研究員於產品評估時進行可用性測試,並決定使用者是否了解如何使用某個產品或產品功能。這點的本質上是具實驗性的,且需要有測試結果才能獲得見解,並驅動對產品進行可行動的、由資料驅動的改變。沒有辦法在實際測試之前知道結果。基於 AI 的科學創新也不例外,因此需要科學思維和一名或多名科學家參與過程中。就像從瀑布到敏捷的轉變一樣,同樣需要在思維方式進行類似轉變。

一般來說,設計者和設計也是人們會使用的技術的關鍵組成。因此,設計者也是 AIPB 認可的非常重要的專家類別。我們將在本書後面更詳細地討論設計的重要性,特別是在 AI 解決方案的情境下。

測試者是另一個 AIPB 認可的非常重要的專家群體。解決方案的品質
以及責任和風險的最小化，對於任何技術解決方案來說都是首要的；
在大多涉及資料和以分析為中心的解決方案（例如使用 AI 的解決方
案）個案中，我認為更是如此。以最小風險實現最高品質的重要性，
以及確保這一點的測試者和其他 AIPB 專家，將在後面的章節中充分
說明。

最後，管理者也是 AIPB 認可的非常重要的專家群體，尤其是在領導
和管理 AI 提案方面。許多管理者，包括高階經理人，可能不是特定領
域的專家或技術主題專家（SMEs），但他們應該是以下方面的專家：

- 組成能建構目標的團隊

- 設定目標

- 制定策略

- 管理風險

- 做出關鍵決定

- 授權工作

- 提供方向和指導

- 提供自主權

- 促進合作和協調

- 適當地設定期望

- 使提案保持在正軌上

- 提供所需資源（例如預算）

- 確保提案和企業成功

與我以前的任何印地賽車團隊一樣，當每個人都做好自己的部分並且做得很好時，勝利就會發生。任何人都可能輸掉一場比賽，但需要團隊中的每個人都以最高水準的表現共同努力，並且沒有失誤才有可能獲勝。

現在讓我們將回到 AIPB 的兩個與流程相關的組成：評估和方法論。我們不個別討論產出的組成，而是在方法論組成的每個階段看看適當的產出。

AIPB 流程類別和推薦的方法

如前所述，AIPB 是具模組化的。某些方法和框架經過時間考驗，且已被證明既有效又有效率。這意味著只要任一協作性（非以共識為基礎的）流程和方法能讓你獲得最佳答案和產出，就是對的。

回顧第 2 章 AIPB 流程類別和我推薦的一些方法，我再次呈現以供本章參考。

- 評估（例如差距分析、能力分析）

- 構思和願景發展（例如，設計思維、腦力激盪、五個為什麼）

- 企業和產品策略（例如，SWOT、波特五力分析、成本效益分析（CBA）、產品 - 市場契合金字塔）

- 路線圖排序（例如，延遲成本、CD3、Kano 模型、重要性 vs. 滿意度）

- 需求導出（例如，設計思維、面談）

- 產品設計（例如，設計思維、UX 設計、以使用者為中心的設計）

- 產品開發（例如，敏捷、看板、GABDO、持續交付）

- 產品評估、驗證和最佳化（例如，MVP/ 原型設計、成功指標、KPI、可用性測試）

我在本章適當的地方列出了我推薦的過程類別和方法，但鑑於本書的重點並非那些既有方法（例如 SWOT），我會省略細節的說明。我鼓勵你根據需要進行進一步研讀。最後，我的建議是基於我的經驗和我所發現最有效的方法，可能有一些我沒有嘗試過的、非常有效的替代方案可以應用於方法論組成階段，而對的專家應該根據他們的經驗和專業選擇使用哪種方法。最終結果正確才是最重要的。AIPB 是模組化的，也是專家驅動的！

評估組成

一般來說，要追求 AI 提案和創新，需要我們（部分或全部）識別並解決某些差距和關鍵考量因素。這就是 AIPB 評估組成的基礎：評估任一差距和關鍵考量因素，並確定解決這些的策略。我把它分為三類，如下：

- AI 準備度
- AI 成熟度
- AI 關鍵考量因素

評估組成及其三個類別，是在 AIPB 方法論組成階段前，且任何計畫進行應用 AI 轉型的公司都應該在早期處理它。這些評估非常重要，以至於它們在 AIPB 中被單獨列出成為一核心組成。根據發現所做出的適當評估和所發展出的策略，在 AIPB 統稱為「評估策略」，將有助於確保提案不會失敗，且更重要的是，它們從一開始就為了贏而設定。

請注意，發展策略和處理關於準備度、成熟度和關鍵考量因素的差距，不應被視為推進 AI、機器學習或一般創新的先決條件。相反地，應該先完成評估並發展評估策略。在我看來，大多數公司現在就要開始使用 AI 而不是之後才開始，並在過程中努力填補差距並處理關鍵考量因素。

AI 的準備度和成熟度

準備度或成熟度？對我來說，準備度意味著在開始某事之前以某種方式做好準備。圖 3-3 顯示了我創建的 AI 準備度模型，其中我將 AI 準備度分為四類。我在第 12 章會深入介紹這個模型。

另一方面，成熟度代表一個或多個進度的衡量。雖然技術背景下的成熟度，通常是根據技術複雜程度來討論的，但我以不同的方式來描述成熟度，正如我創建的一些模型所說明的那樣，又當特別結合 AI 時，代表了我所定義的 AI 成熟度。

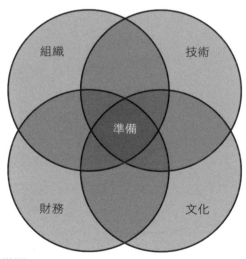

圖 3-3　AI 準備度模型

在此處先預覽其中兩個模型。第一個模型，如圖 3-4 所示，是一個成熟度模型，表示分析的複雜性，第二個模型，如圖 3-5 所示，表示技術成熟度，一般來說，是在特定時間點的某技術領域或技術上，在經驗水準、技術複雜度和技術能力三者混合的集合度量。

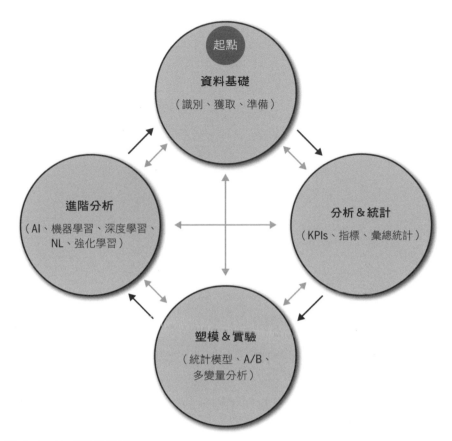

圖 3-4 AI 成熟度模型

作為我們必須考量的 AI 相關關鍵考量因素：AI 準備度和成熟度，及評估兩者的基礎，以及所有這些模型，都會在本書的第三部分進行更詳細的介紹。就目前而言，關鍵要點是準備度和成熟度既是一個過程，也是一個旅程。在執行 AI 或機器學習任務之前，你不需要有建構好的資料倉儲或提取、轉換和下載（ETL）系統，但你肯定需要找出差距、制定適當策略，並開始讓更多的 AI「準備好」，以立即開始推進你的 AI 成熟度計畫。

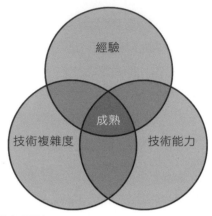

圖 3-5　技術成熟度混合模型

方法論組成

讓我們繼續討論 AIPB 的**方法論組成**，它由六個迭代階段組成：評估、願景、策略、建構、交付和最佳化。雖然在 AIPB 中看起來是分開的組成，但我在本節中將方法論和產出的討論有邏輯地結合在一起，因為每個方法論階段都有一個特定的產出。圖 3-6 顯示了每個方法論階段，以及相應和推薦的專家、過程類別和產出，我們將在本節中介紹這些內容。

在深入每個階段之前，讓我們想想 AIPB 的「北極星」，它聚焦於人和企業，其具體目標是創造更好的人類體驗和企業成功。這很關鍵，因為這個框架（和本書）是關於追求對人和企業都有益的 AI，不僅對企業有益而已，而且絕對不是會以任何方式傷害人類的那種 AI。AIPB 的這部分是關鍵，其必須指引其他一切。

AIPB 方法論組成 / 成分

	專家	流程類別	產出
評估	- 管理者 (含領域專家) 和適當主題專家 (從其他專業領域類別來)	- 評估	- 評估策略
願景	- 大部分是管理者，與其他專家 (需要時)	- 構思和願景發展	- 願景陳述
策略	- 全部專家，與監管的管理者	- 構思和願景發展 - 商業和產品策略 - 路線圖排序 - 需求引出 - 產品設計	- 解決方案策略 - 排序路線圖
建構	- 全部，與管理者領導層，監管和協作者	- 產品設計 - 產品開發	- 可測試解決方案
交付	- 建構者和測試者	- 產品開發 - 產品評估、驗證和最佳化	- POC MVP - 試作
最佳化	- 全部	- 全部	- 分析 - 最佳化

圖 3-6　AIPB 方法論階段

我們也討論到我認為應該在每個階段協同參與的專家。我多半使用通稱（例如，設計者、科學家），並留給你決定誰是你公司中該學門中最適合參與特定階段的「專家」。我會介紹一些角色範例。

對於所有方法論階段和其各自的產出，此方法應該與許多現有框架所建議的不同。首先起始於使用翻轉教室、協作、互動和 / 或設計思考方式的方法。這不是關於創建文件、要項清單和填寫資料；相反地，它是關於提出問題並回答它們。你如何得出答案並不重要，只要你得出答案且它們是正確的，或至少盡可能正確就好。同樣很重要的是，這些答案可以根據需要有效地傳達給任何利害關係人。

根據階段的不同，問題可能與目標、益處、成果、人員、風險、成本、權衡、考量、假設、策略、技術或差距有關。無論如何，每個階段的產出都應該以簡單易懂的文字說明，使任何人無論其專業和背景如何都可以了解。對於許多高階經理人來說，這點是必要的。

對於某些階段，以易於理解的口語形式回答對的問題，應該是產生共同理解並正確設定期望所需要的。根據我的經驗，只有要項列表和其他表格文件是不足的。

因此，關於這一點，讓我們深入 AIPB 方法論的各個階段以及每個階段的產出。請記住，所有階段都可以迭代並加入回饋迴圈；換句話說，後面階段的產出可能會提議對先前階段進行迭代，以驅動持續改善並最大化成果。

評估

回想一下，評估組成包含以下的評估：

- AI 準備度
- AI 成熟度
- AI 關鍵考量因素

以下是這類別中你的評估應回答的一些問題：

- 我的公司在 AI 準備度方面的差距是什麼？
- 我的公司是否能夠追求科學創新（即敏捷的、具探索性和實驗性）？
- 我將如何描述我公司的資料和分析成熟度？ AI 成熟度如何？我需要處理哪些差距？
- 我們應該了解和解決哪些 AI 相關的關鍵考量因素？
- 我們需要了解和測試哪些關鍵假設和潛在風險？

從 AIPB 流程類別中，評估類別適用於回答上述問題。評估後應產生策略。因此，該組成的產出被 AIPB 定義為一種評估策略，其中包括填補 AI 準備和成熟度相關差距的策略，以及處理 AI 關鍵考量因素的策略。如前所討論，這些都不應被視為阻擋繼續前進的硬性要求，但它們也不應該只是作為要點清單紙上的差距和考量事項。將評估轉變為評估策略，是非常重要的；它有助於規劃，且最重要的是，它有助於在確保成功的同時避免失敗的可能。

正如先前所說，許多 AI 提案都失敗了。我認為大多數之所以失敗，是因為缺乏我們所定義的評估策略，或者因為缺乏願景、策略和執行的能力，正如我們接下來要介紹的。無論哪種情況，都不要等到為時已晚才開始識別與解決潛在失敗點。

最後，考慮到這些評估的企業層級和策略性質，所參與的專家應該主要是經理人（包含領域專家）和合適的 SMEs。其包含高階領導者、相關功能層級的高階經理人和管理者（例如，CAIO、CDO、CAO、AI/ 資料科學副總、AI/ 資料科學總監），以及根據特定的專業和分析需要加入適當的個人貢獻者團隊主管。

願景

在我看來，對新業務、產品、服務或功能的願景，是大方向的**為什麼、如何**和**什麼**。為什麼可以用目標、好處或成果來表達。為什麼可以透過解決特定問題、滿足特定需求或消除某痛點來驅動；但也可以透過在沒有問題、需求或痛點的情況下，想要更好的人類體驗來驅動。目標是定義出「對」的**為什麼**，這可能意味著使用像是五個**為什麼**這樣的技術來達成。

一個很好的例子是像第一代 iPhone 這類產品所加入的下拉和捏合觸控互動。我不認為很多人會認為它本身是解決問題的方法，我認為很多人當時也沒有想過這類型的互動是可能的。也就是說，一旦人們體驗

過這些觸控互動，它取悅了大部分的受眾，使其感到愉悅。再者，許多人視這些新互動可能性為解決他們甚至沒有意識到的問題的方法。愉悅可以像解決問題和消除痛點一樣，激發偉大的願景。

回到 AIPB 對人和企業的重視，關鍵是要同時定義兩者的**為什麼**。對於企業而言，**為什麼**通常會變成商業案例（business case）：它將如何以目標、KPI、標的、投資報酬率（ROI）或一些類似的衡量上幫助企業。這是大多數框架或模型止步之處。

AIPB 還必須為人定義**為什麼**，這些解決方案的受益人可以是客戶、最終使用者或內部員工。很少有創新技術應用不會以某種方式對人類產生影響。即使是全面的自動化也會影響人們，而且還不一定是以對人有利的方式，像是如果把它用於減少工作，但沒有進行工作重分配、再訓練或增加新技能的情況下，這就有點不妙了。我們將在後面的章節中討論自動化和工作替代的主題，但現在請記住，這本書是關於我們如何使用 AI 來造福人類和企業，其中包含在需要時有益的擴增智慧、工作重分配、再訓練和增加新技能。

因此，關鍵是去定義 business case 和對直接體驗 AI 解決方案人們的預期收益，無論 AI 解決方案是採用見解、建議、預測、擴增智慧、最佳化還是自動化的形式。所有這些形式的 AI 都可以使利害關係人受益，因此目標是識別出誰是利害關係人以及他們如何受益。

那麼如何制定出你的 AI 願景與最終的產出是什麼？ 讓我們從問正確的問題開始：

- 我對以下哪項最感興趣？ 例如，實現公司目標、達成特定 KPI 標的、解決問題、消除痛點、創造更好的人類體驗、拯救生命、最大限度地提高患者治療效果或幫助身心障礙人士？

- 如果我根據上一個問題的答案，開發一個 AI 解決方案，它將如何使我的企業受益？ 它將如何使人們受益？

- 哪些 AI 機會將幫助我實現這些益處，假設機會不止一個，我該如何選擇和排序它們？

- 在大方向上，解決方案將是什麼？

- 在大方向上，我將如何實現該解決方案並取得成功？

- 潛在的投資報酬率是多少？

你會注意到我在幾個問題中使用了「在大方向上」這個語句。原因是我們還沒有經歷創建出實現你願景的策略的過程，因此我們可能不知道我們在過程中將發現許多考量因素、風險、細節、設計等。我們還沒有完成決定一個有前景想法的可欲性、可成功性和可行性的練習。願景發展是迭代過程的起點，正如我之前提到的，它可能需要根據後續活動進行修改和改善。這完全沒問題，且如果有的話，將有助於確保成功。

在回答這些問題並產生願景階段的預期產出方面，我建議管理者（包括領域專家）作為主要專家參與該過程；例如，高階經理人以及適當部門的經理人和管理者。你也應該根據需要加入其他專家，特別是科學家類別的 AI 實作者，並且該過程應該是協作和互動的，包括大方向評估、構思和排序，因為其中可能有很多很好的機會。

對於 AIPB 方法論願景階段，和從 AIPB 流程類別中，我推薦構思和願景開發類別。此類別中的許多推薦方法，已普遍地且成功地被產品經理和 UX 人員採用。

願景階段的產出應該是一份以人和企業為中心的願景陳述，以易於理解的方式說出所提出問題的答案，可以在很短的時間內講述清楚，像電梯簡報一樣。它應該從**為什麼**開始，並描述 AI 應用的目的和目標（對於人和企業）、它將**如何**建構以及解決方案將**是什麼**。

一個很好的類似例子是亞馬遜（Amazon）公司的「逆向」以客戶為中心的方法論。[5] 這種方法的設計是從客戶角度逆向提出產品想法，而不是一般的方式。

該過程的產出是產品經理撰寫的一頁內部新聞稿，其宣告尚未存在的成品。新聞稿必須說明目標客戶是誰、產品將為他們提供什麼好處、現有產品如何的失敗，以及新產品如何比現有替代品更好。

亞馬遜的 Ian McAllister 指出：

> 「如果列出的好處對客戶來說不那麼有趣或不令人興奮，那麼也許它們真的不有趣，也不應該去建構。相反地，產品經理應該不斷迭代新聞稿，直到他們提出聽起來像好處實際上也是好處的。迭代新聞稿比迭代產品要便宜多了（而且更快！）。」
>
> —— **IAN MCALLISTER，總監**

McAllister 建議用他所謂的「歐普拉說法」來撰寫這些新聞稿。換句話說，用你想像中歐普拉（Oprah Winfrey）向她的觀眾解釋的方式來寫（*http://bit.ly/2XeKbLo*）。

雖然沒有全然按照我推薦的 AIPB 願景陳述的型態來表述，但這無疑是一個很好的例子。我特別喜歡他用的「歐普拉說法」這個詞；也就是說，如果歐普拉能夠將願景傳達給觀眾並讓每個人都理解它，那麼它可能建構得很好。我在第二部分的後面提供了一個發展 AIPB 願景的例子。

5　*http://bit.ly/2XeKbLo* and *http://bit.ly/2WI5t4B*

策略

有了願景陳述形式的 AI 願景，下一步就是發展 AI 策略。我發現許多公司、高階經理人和管理者都不太會制定 AI 策略（或一般的資料和分析策略）。

AI 在現實世界中的應用相對較新，人們普遍不了解，也沉迷於過度的行銷炒作，需要一定的技術專長且該專才供不應求，需要接受非決定論性和不確定性等令人不快的概念，才能真正理解和發展基於它的策略。這些是 AI 領導者對於成功制定圍繞 AI 的願景和策略至關重要的眾多原因中的一部分。

那麼，我所說的 AI 策略到底是什麼？在 AIPB 的情境下，AI 策略是執行你 AI 願景的計畫，以使其成功的實現。它也代表了執行端到端流程的計畫，將想法轉化為生產中持續最佳化的解決方案。AIPB 導引出的 AI 策略形式是解決方案策略和排序路線圖（roadmap）。

解決方案的策略（即計畫）應定義執行以下活動所需的人員、流程和資源（例如，工具）：

- 讓你的 AI 願景成為成功的現實
- 在執行 AI 策略的同時執行評估策略提案
- 迭代執行五個 D（稍後討論）

AIPB 解決方案策略的目的是藉制定 AIPB 排序路線圖，來成功執行你的 AI 願景。這也是為了確保後面的 AIPB 方法論階段、產出以及因此產生的 AI 提案益處和成果的成功。擁有創建和執行成功的 AI 願景和策略的能力，是追求 AI 提案的關鍵部分。

解決方案策略的實際格式不如策略本身重要。我們可以將其具體化為一個或多個文件、圖表、白板或任何其他格式，只要它符合其目的並

能完成任務即可。但另一方面,排序路線圖應該要有一個明確定義的格式,我們將在稍後討論。

從產品策略、設計和開發方法論的觀點來看,我使用以下的模型,有人稱其為「5D」,來描述建構成功的 AI 產品和產品功能的迭代和端到端流程。圖 3-7 顯示了 5D 的各階段。

請注意,實際上 5D 中一些活動(例如設計、開發、交付),被 AIPB 的某些後面方法論階段所涵蓋,因此 5D 在 AIPB 策略階段的目的,是發展一個計畫以成功執行這些後面階段。

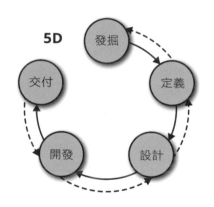

圖 3-7　5D

要創建解決方案策略作為你 AI 策略的一部分,請於 5D 的各階段回答以下問題。它們必須在你所定義願景下的 AI 解決方案中存在。

發現(Discover):

- 原因、目標、需求和 / 或痛點是什麼?
- 該解決方案如何創造更好的人類體驗和企業成功?
- 誰是你願景下的解決方案的利害關係人和受益者?
- 解決方案的企業業務和個人使用案例是什麼?

- 潛在市場是什麼樣子（市場分析）？又你的解決方案與競爭者有何不同（競爭者分析）？

- 你如何確保你的解決方案將能為人員和企業帶來預期收益？

- 在適用時，你如何確保解決方案非常令人愉悅、可用且具有粘著度（參見第 7 章和第 8 章）？

- 解決方案將有多完整：設計原型、PoC/ 試作 /MVP、完整解決方案？

定義（Define）：

- 將使用哪些資料？資料是否已經存在？你需要產生任何新資料嗎？如果是，透過什麼機制（例如，增強方法、物聯網）？是否有任何有益的外部資料來源（透過購買或該資料為公開提供）？

- 誰負責各個資料來源，又需要哪些步驟才能讀取？

- 如果有的話，需要怎樣的資料流水線（data pipeline）：存取、擷取、ETL、處理、整合、儲存？

- 資料如何被準備（清理、驗證、轉換、標記）來給你的解決方案？

- 將使用什麼平台或工具（例如，亞馬遜網路服務 [AWS] 或 Google 雲端平台 [GCP]）來訓練、驗證和最佳化模型或進行任何其他 AI 和機器學習任務？

- 你的解決方案（技術棧（tech stack））需要哪些軟體程式語言、架構和技術？這包括物聯網、邊緣和霧運算中涉及的韌體和嵌入式軟體。

- 你的解決方案需要哪些硬體、材料和製造？

- 在所有設計和進行中的軟體 / 硬體上，你解決方案（功能性和非功能性）的軟體和硬體要求是什麼？請注意，在軟體上的敏捷要求和在硬體更多的瀑布式要求，常言道：三思而後行。

設計（Design）：

- 你解決方案中需要哪些軟體和硬體設計？這包括視覺設計、機構設計以及其他與設計 UX 或實體物件相關的（例如，資訊架構、互動和流程設計、使用者旅程、使用者案例）。

- 需要哪些技術圖、圖表、影像或原理圖？

開發（Develop）：

- 你有哪些假設，且你將使用哪些 AI 和機器學習軟體、演算法和技術進行探索和實驗？請記住，這是科學創新。

- 你將如何將所有要求和設計轉為高品質、成功的現實？

- 你將如何確保遵循軟體和硬體開發最佳實踐？

- 你將使用什麼敏捷軟體開發方法（例如，精實、看板、Scrum）？

- 你將使用哪種持續整合／持續交付（CI/CD）及一般發行機制？

- 你將使用什麼版本控制技術（例如 Git）和分支策略？

- 你將如何全面測試以確保最高品質？

- 你將如何測試可用性並衡量使用者體驗的其他方面？

- 你將如何衡量成功、你將使用哪些指標，以及你必須在解決方案中建構什麼追蹤機制？

交付（Deliver）：

- 你將如何將你的解決方案展開到生產環境中，使它能在現實世界中被實際受益者使用？

- 你將如何監控解決方案的運行狀況並解決任何問題？

- 你將如何繼續從新資料中學習並隨著時間依資料對解決方案進行改善？

- 你將如何確保解決方案的預期收益被人和你的企業（效度）
  了解？

- 你將如何監控解決方案的有效性並解決每個問題（例如，過時
  的模型；又名模型漂移）？

- 你將如何根據需要擴展解決方案，並確保滿足所有其他非功能
  性要求？

你的解決方案策略全是為了讓你的 AI 願景成為成功的現實。首先從
進行「發現」開始，以導引出最佳解決方案的優先順序和定義（排序
路線圖），這能接著導引你如何去設計、建構、交付、監控和改善解
決方案。

請注意，此處給出的一些「發現」的問題，也包含在我們發展 AI 願
景的討論中，此處會有一些重疊。來自較大方向的願景階段的初步發
現和理解，將導引你的策略制定，並在發現和定義上增加細節。

從產品管理的角度來看，產品願景和策略會以排序產品路線圖的方式
呈現，其中包含一個解決方案的計畫，透過持續交付（CD）、產品發
行或兩者皆有的方式。產品路線圖可以是基於產品開發團隊預估有時
間限制的，也可以是大略的，不一定基於固定時間和工作量預估。

後者較適用在開拓、創新和不確定（即科學創新）的增長階段，並且
取決於你公司的 AI 準備度和成熟度。基於統計和機率的技術本質上是
科學的、實證的且非決定論的，而這當然適用於使用最先進的和新興
的 AI 技術。

以解決方案策略和排序路線圖的形式來發展出端到端的、基於 AI 的創
新策略，需要企業大多數功能領域的專業。這意味著所有 AIPB 專家
類別都可以根據需要適用，再搭配上監督和管理（是管理者專家群組
的責任，尤其是產品經理要給出排序路線圖產出）。

對於 AIPB 方法論策略階段，以及從 AIPB 過程類別，我推薦以下內容：

- 構思和願景發展

- 企業和產品策略

- 路線圖優先排序

- 需求導出

- 產品設計

我在第 14 章提供了一個創建 AIPB 策略的例子。

現在讓我們繼續討論 AIPB 方法論的最後三階段，從執行策略和實際建構解決方案開始。考量到本書的目標讀者，且這三個階段本質上較具戰術性，我們在此處僅概略介紹，但本書的其餘部分聚焦於發展 AI 願景和策略，這些主題更適合於目標讀者。

在建構階段，以軟體、硬體和分析產品開發為中心，且包含大方向的設計、開發和測試。它假設所有發現和定義工作都已完成，並且已有排序路線圖來導引建構階段的過程。

實際上，到目前為止討論的所有階段都傾向以迭代的方式，且當人們嘗試越多，一些需求、用例和其他定義方面，在開始時通常會錯過或沒有完全理解（指敏捷，非瀑布式）。這意味著在建構過程中，可能會繼續進行一些「發現」和「定義」。此外，且最重要的是，在你打基礎時我推薦一種在 5D 過程以較細節（功能等級）進行的敏捷方法，而不是一次進行整個路線圖的發現和定義（這較瀑布式）。一個稱職的產品經理和產品開發團隊可以促進這個過程，而看板是我在這個階段推薦的開發方法論。

在你制定了排序路線圖和敏捷需求之後，設計、開發和測試工作應該接著進行。需求應該包括功能性和非功能性需求。例如，功能性需求指出解決方案應該如何作用、看起來和感覺起來如何，而非功能需求則指出關於可擴展性、可靠性、和可維護性的解決方案需求。

測試包括軟體、品質保證（QA）和使用者驗收測試（UAT）。請注意，在設計工作開始時，任何不需要設計的開發都可以與其他功能（例如，資料準備、探索性分析、預測建模）並行開始。

所有專家都參與了 AIPB 的建構階段—管理者、設計者、建構者、測試者和科學家—而管理者的參與主要集中在領導力、監督和協作上。與產品相關的角色，例如產品經理，代表了建構階段過程在管理者類別的主要管理角色，雖然管理者中的其他利害關係人將繼續在demo、回饋收集和狀態更新時參與建構過程。

對於 AIPB 方法論建構階段，且從 AIPB 過程類別中，我推薦產品設計和產品開發類別。與這兩類相關的方法、技術和最佳實務往往會隨著時間相對頻繁地進化或變化，因此參與的專家應做出相應的決策並提供指導。

建構階段的產出，是一個可測試的解決方案，且它代表部分或整個解決方案。產出可以來自一個或多個類別，例如設計、軟體、硬體、模型和演算法。關鍵是產出處於可測試狀態。

可測試的設計產出包括所有相關的設計資產，例如線框、模型、互動式原型和流程圖。軟體和硬體產出包括可以執行並向利害關係人demo 的工作功能。分析產出可以包括見解、資料視覺化、報告、描述性分析、預測模型或其他 AI 驅動的軟體、模型和引擎（例如，推薦、自然語言處理）。

一旦每個路線圖項目都按照要求建構並成功測試以實現最高品質,就會交付,無論是連續(持續交付)還是單一發佈,我們將在下面討論。

交付

AIPB 交付階段是關於向生產環境交付高品質的工作解決方案;也就是說,真正的受益者(企業、使用者、客戶)所處的環境。在自動化的情況下,該解決方案被佈署用來自動化涉及真實世界資料的真實流程。

將工作解決方案佈署到正式環境涉及專業的專家和流程。與建構階段一樣,佈署過程的結果也有功能性和非功能性需求。從功能性方面,解決方案在佈署後必須按預期運行。這通常通過某些生產測試(例如,冒煙測試、QA、UAT)進行驗證;非功能性方面,該解決方案必須在其將受到的現實條件下成功運行;例如,解決方案必須能夠根據需要進行擴展並且始終可用。

參與 AIPB 交付階段的專家主要包括建構者和測試者。對於 AIPB 方法交付階段,從 AIPB 過程類別中,我推薦產品開發和產品評估、驗證和最佳化類別。在建構階段,專家應該採用最新的方法、技術和最佳實踐。

交付階段的產出是一個可行的解決方案。對於新的創新,它可能是極簡的,作為 MVP、PoC 或試作。我建議將敏捷和精實方法作為關鍵策略,以確保盡快進行迭代驗證、變更和成功。這意味著首先建構一個 MVP 來測試最危險的假設,驗證產品與市場的契合度,確保解決方案真正實現其目標,並更好地理解 UX 的各個方面,例如可用性和愉悅度(我們將在本書後面討論的概念)。你可以通過後續更新繼續建構和改進 MVP。

佈署的解決方案應具有主動健康監控、日誌記錄和追蹤（例如，標記、事件捕捉），以檢測問題並執行分析。監控和分析應圍繞著解決方案的健康狀況提供資料驅動的見解、解決方案是否提供預期的好處（對人和企業！）、解決方案是否實現預期的 KPI 以及在多大程度上（例如，成功指標、投資報酬率），並確保滿足所有非功能性需求（例如，可擴展性）。

一項需要密切監控的 AI 特定相關項目是過時模型和模型漂移。市場、趨勢、時尚潮流、環境（例如經濟）、競爭對手、興趣和人們不斷變化。因此，資料不斷變化，這意味著以昨日的資料訓練和最佳化到一定性能水平的模型，可能在明日的資料上表現不佳。基於 AI 的解決方案通常需要持續的再訓練和改進；或者，換句話說，持續的資料收集、知識發展和持續學習。通過開發資料回饋循環可以最好地促進這一點，在該循環中，解決方案產生的新資料會定期回饋到系統中，以進行更新的學習和效能改進。

在將解決方案佈署到實際環境並持續監控和分析它之後，如所討論的，你需要將注意力集中在最佳化上，這是下一部分的主題。

最佳化

最佳化階段是 AIPB 方法組成的最後階段。在你交付了具有適當監控和追蹤功能的 AI 解決方案，並且確定該解決方案值得進一步開發（例如，實現產品市場契合）之後，你應該對其進行最佳化以獲得更好的效能和使用者滿意度。

運行狀況監控和日誌記錄，應指明是否需要修復或最佳化任何功能性或非功能性問題。你應該使用預先建構的資料回饋循環，通過持續學習和性能最佳化，定期解決任何過時模型和模型漂移的跡象。你應該定期分析 KPI 和指標，以確定基於預期願景和目標的解決方案的有效

性，以及發現任何模式和見解，表明需要進一步改進和提升的領域。
你應該定期徵求、獲取和分析使用者、客戶和利害關係人的回饋，以
便進一步改進和最佳化解決方案。

實驗和測試也是強大的最佳化工具，具有幫助確定因果關係的額外好
處。相關性並不意味著因果關係，預測模型通常無法揭示導致特定影響
或結果的所有原因。A/B 和多變數測試等實驗技術非常適合藉策略實
驗進行持續最佳化，並獲得更深入的因果理解。這些技術還可用於比較
不同 AI 模型的功效，並且通常使用 AI 解決方案與現狀進行比較。

最後，AI 和機器學習正在迅速發展和推進。在所有方面都是如此，包
括研究、軟體、算法和硬體（例如，深度學習最佳化的處理器，如圖
形處理器 [GPU] 和張量處理器 [TPU]）。AI 和機器學習佈署的最佳化
不僅與更好的模型效能（例如預測準確性）有關，還與硬體和訓練成
本的降低、訓練速度的提高、計算複雜性和所需資源的降低以及更快
的自動化分析有關。

參與 AIPB 最佳化階段的專家包括每一個人。最佳化階段實際上基於
其上游的所有內容，並且在各方面都可能被最佳化或至少改進。這包
括 AIPB 過程類別中所有過程類別和相關方法的潛在參與。事實上，
我是改善（kaizen）的堅定支持者。這是日文中改善的意思，專注於
持續改進，以精實製造運動和豐田著名的生產系統（TPS）而聞名。

最佳化階段的產出是一個解決方案，其預期收益和結果性能被很好地
理解並以所有可能的方式不斷改進；例如，目標、KPI、提升、使用者
滿意度、收益和績效。換句話說，產出是有效的分析和資料驅動的持
續最佳化。

翻轉教室

回想一下，我說過 AIPB 的獨特價值在於它的「北極星」、好處、結構和方法。我們已經討論了「北極星」、好處和結構，現在讓我們討論推薦的方法。

有許多協作和互動技術（例如，腦力激盪、優先排序）被各種學科經驗豐富的教育者和實踐者採用，特別是非常優秀的產品經理。在執行 AIPB 時，我特別推薦的一種方法是**翻轉教室**的概念。

翻轉教室「翻轉」了傳統的課內 vs. 課外，讓學生在課外（即傳統上用於做家庭作業、研究和專案的時間）複習教學材料（例如，講座、閱讀）並且經常在線上進行。這使得課堂時間通過討論、協作、專案和其他形式的實際「行動」而變得更有效率和生產力，而不僅僅是聽課和被教授。聽起來很具風險，但實際上可以完成任務，並提供更好的學習、體驗和理解。

通過適當的方法，這也很容易用在工作環境。與其安排一次會議並花大量時間解釋方法、技術和主題細節，不如讓與會者事先審查所有內容，以便會議完全專注於完成工作。例如，如果目標是創建與目標一致的排序路線圖，請讓與會者和參與者提前審查要排序的概念和技術。你可以回答人們預先提出的任何問題，但大部分協作時間應該是實際選擇和確定排序，產出是能推動後續步驟的排序路線圖。

此外，人們常會向同事發送會議邀請，但其中完全沒有任何描述、議程，或任何其他有助於他們理解會議目的和目標的資訊。此處的翻轉教室，請避免這樣的做法。David Grady 在 TED 上發表了一篇很棒的演講，名為「如何從糟糕的會議中拯救世界（或至少你自己）」。（*http://bit.ly/31wjQba*）一定要讓人們確切地知道會議的目的是什麼，你將討論的內容及議程、結果應該是什麼，以及任何其他相關的事物。這很重要。

最後，人們可能會爭辯說他們很忙，在會議之外沒有足夠的時間來查看建議的材料，或者可能只是事先沒有做好自己的工作。通常從他們的問題，或對要做什麼與對於會議目標的缺乏了解，就可得知哪些是沒有提前審閱材料的人。最後，你不能強迫人們，也許他們真的太忙了，但最終的結果是在現實世界中經常看到的：低生產力和低效的會議、浪費時間、進展緩慢，有時甚至失敗。這可能需要文化轉變，但這是值得的。

結論

AIPB 是一個獨特的 AI 創新框架，強調創新對人和企業的好處。正如所討論的，它有許多好處，這些好處與框架獨特的「北極星」（更好的人類體驗和企業成功）、結構和方法相結合，是它的主要區別。AIPB 旨在成為 AI 願景、策略、執行和最佳化的一站式商店，以實現最大的成功。

AIPB 要求在 AI 端到端創新的所有階段，都有適當的專家並進行有效協作。每個階段都是模組化的，所採用的過程類別和相關方法，是我或相關專家根據他們的經驗、專業知識和當前最佳實踐推薦的。每個階段的產出都應該推動創新朝著最終目標前進，即 AI 驅動的更好的人類體驗和企業成功。有關最新的 AIPB 資訊和資源，請訪問 *https://aipbbook.com*。

現在，讓我們將注意力轉到在大方向和非技術層面上理解 AI 和機器學習，然後仔細研究 AI 在當今現實世界中的使用方式，以及它為明天帶來的巨大潛力。

Chapter 4

AI 和機器學習：
非技術的概述

雖然制定 AI 願景和策略，不必一定要成為 AI 專家或實作者，但對於 AI 和相關主題領域有大致的理解，對於做出高度深思熟慮的決策相當重要。本章的目標就是要幫助你建立這樣的理解。

本章定義並討論了與 AI 相關的概念和技術，包括機器學習、深度學習、資料科學和大數據。我們還討論了人類和機器如何學習以及這與 AI 的當前和未來狀態有何關係。最後，我們將介紹資料如何為 AI 提供動力，以及 AI 成功所需的資料特性和注意事項。

本章幫助建立一個適當的基礎，以理解下一章關於真實世界的 AI 機會和應用。讓我們從討論資料科學領域開始。

什麼是資料科學，又資料科學家在做什麼？

讓我們從定義資料科學以及資料科學家的角色和職責開始討論，這兩者都描述了執行 AI 和機器學習計劃所需的領域和技能（請注意，更專業的角色正變得越來越普遍，例如機器學習工程師）。雖然資料科學家通常來自各種不同的教育和工作經驗背景，但大多數人應該在四個基本領域很強（或理想上是這四領域的專家），我稱之為資料科學專業的四大支柱（*http://bit.ly/2WDEbaL*）。

以下是資料科學家應該具備的專業領域，排名不分先後：

- 一般企業或相關企業領域

- 數學（包括統計和機率）

- 電腦科學（包括軟體程式設計）

- 書面和口頭溝通

還有其他非常需要的技能和專業，但在我看來，還是含括在前四項裡。實際上，人們通常只在這些支柱中的一、兩個較強，但不是在四個方面都同樣強。如果你碰巧遇到一位全面型專業的真正資料科學家，你就是發現了獨一無二的獨角獸。在所有四大支柱中都具有相當程度專業和能力的人很難找到，而且人才嚴重短缺。

因此，許多公司已經開始依據資料科學的個別支柱創建專門角色，當這些支柱結合起來時，就相當於擁有一名資料科學家。一個例子可以是創建一個三人團隊，其中一人具有 MBA 背景，另一個人是統計學家，另一個人是機器學習或軟體工程師。該團隊還可以再加上一名資料工程師。然後，該團隊可以同時開展多項提案，讓每個人在特定時間，專注這些提案的特定部分。

具備這些支柱的資料科學家，應該能使用既有資料來源並根據需要創建新資料來源，以便萃出有意義的資訊、產生可行動深刻見解、支持資料驅動的決策制定並建構 AI 解決方案。這需要有企業領域的專業知識、有效的溝通和結果的解釋、以及使用任何相關統計技術、程式語言、軟體套件和函式庫以及資料基礎設施，才能完成的。簡而言之，這就是資料科學的全部。

機器學習定義和關鍵特性

機器學習通常被認為是 AI 的一部分。我們先討論機器學習，以便為本章後面要討論的 AI 及其限制奠定基礎。

請記住我們對 AI 的簡單定義是由機器展示的智慧。這基本上描述了機器從資訊中學習並將這些知識應用於做事，以及繼續從經驗中學習的能力。在許多 AI 的應用中，機器學習是一組技術，用於 AI 應用過程的學習部分。我們稍後討論的具體技術，可以被認為是 AI 和機器學習的一部分，且通常包含了神經網路和深度學習，如圖 4-1 所示。

圖 4-1　AI、機器學習、神經網路和深度學習的關係

我真的很喜歡我在 Google Design 部落格看到的一篇文章，其中提到機器學習的簡短又簡潔的定義：「機器學習是基於在資料中自動發現的模式和關係而進行預測的科學。」（*http://bit.ly/2IFZWlp*）

我通常給機器學習的一個非技術性定義是，機器學習是從資料中自動學習的過程，不需要特別去寫程式，有能力從所學經驗中擴展知識。機器學習與規則為基礎的技術之間的一個關鍵差別，是少了特別去寫程式這點，特別是關於特定領域、行業和企業功能部門。在深度學習等進階技術中，可能根本不需要領域專業，而在其他情況下，領域專業就是所選特性（在非機器學習應用中稱為變數、資料欄位或資料屬

性）的形式或精心安排，以訓練模型。在任何一種情況下，不需要明確寫程式這部分都絕對關鍵，並且確實是機器學習要去理解的最重要部分。讓我們把它放在一個例子中說明。

假設你在機器學習出現之前是一名程式設計師，而你的任務是創建一個預測模型，要能夠預測申請某類貸款的人是否會拖欠還款，來判斷是否應該批准該貸款申請。你會寫一個很長的軟體程式給金融業專用，其中要輸入個人的 FICO 分數、信用紀錄和申請的貸款類型等。程式碼將包含許多明確的程式用語（例如：conditionals、loops）。其虛擬程式碼（用簡單英語寫的程式碼）可能看起來像這樣：

```
If the persons FICO score is above 800, then they will likely not default
    and should be approved
Else if the persons FICO score is between 700 and 800
    If the person has never defaulted on any loan, they will likely not
        default and should be approved
    Else the will likely default and should not be approved
Else if the persons FICO score is less than 700
    ...
```

這是一個非常明確寫程式的例子（一個規則為基礎的預測模型），其中把貸款行業專業用程式碼來表示。這個程式的程式碼是寫死的，只能用來完成一件事，它需要領域 / 行業專業來定出規則（或稱情境）且非常僵固，未能表現出導致潛在貸款違約的所有因素。只要輸入或貸款行業有任何變化，該程式還必須手動更新。

如你所見，這不是特別有效或最佳的，也不會產生可能的最佳預測模型。但是，無需任何明確程式碼的機器學習，只要使用正確資料卻能夠做到這一點，尤其無需表示貸款行業專業的程式碼。簡單來說，機器學習能夠將資料集作為輸入，而無需對所涉及的資料或領域有所知，只要將其傳遞給對所涉及資料或領域一無所知的機器學習演算法，並產生一個輸入後會輸出的具專業知識的預測模型，以便做出最準確的預測。如果你理解了這一點，整體來說你就非常了解機器學習的目的。

值得一提的是，雖然機器學習演算法本身無需明顯寫程式（寫出具體程式）即可學習，但人類仍然非常需要並參與機器學習 AI 解決方案的構思、建構和測試的整個過程中。

機器學習的方式

機器透過各種不同的技術從資料中學習，目前最主要的有**監督式、非監督式、半監督式、強化和遷移學習**。用於訓練和最佳化機器學習模型的資料，通常分為有標記或無標記，如圖 4-2 所示。

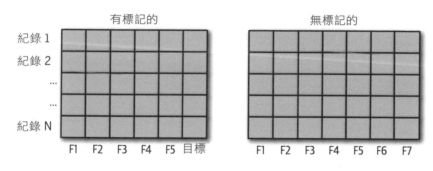

圖 4-2　有標記 vs. 無標記資料

標記資料具有目標變數或值，要用來對特定特徵值（也稱為變數、屬性、欄位）組合進行預測。在預測模型建立（一種機器學習應用）中，模型用標記資料集進行訓練，以預測特徵值新組合的目標值。資料集之中出現目標資料，是資料被稱為標記資料的原因。另一方面，未標記資料具有特徵值，但沒有特定的目標資料或標記。這使得未標記資料特別適合分組（也稱為分群和區隔）和異常檢測。

值得注意的一件事是，足夠數量的標記資料不幸的很難獲得，並且可能會花費大量金錢和時間來產出。標記可以自動加入資料紀錄中，也

可能需要人們手動加入（把資料紀錄，即樣本，想成試算表或表格中的一行）。

監督式學習是指使用標記資料的機器學習，而非監督式學習使用未標記資料，半監督式學習則同時使用標記和未標記的資料。

讓我們從概念上討論各種學習類型。監督式學習具有許多潛在應用，例如預測、個人化、推薦系統和模式識別。它進一步細分為兩個應用：迴歸和分類。這兩種技術都用來進行預測。迴歸主要用於預測單個離散或實數值，而分類用於將一個或多個群或類別，分配給特定一組輸入資料（例如，電子郵件的垃圾郵件或非垃圾郵件）。

非監督式學習最常見的應用是分群和異常檢測，然而一般來說，非監督式學習主要集中在模式識別上。其他應用包括使用主成分分析（PCA）和奇異值分解（SVD）進行維度縮減（簡化資料變數的數量也簡化模型複雜性）。

雖然基礎資料是未標記的，但當標記、特性或設定檔，透過非監督式學習過程之外的其他過程，被應用於群集（分組）發現時，非監督技術可以用於有用的預測應用。非監督式學習的一個挑戰，是沒有特別好的方法，來確定非監督式學習產生的模型的表現如何。輸出是你做出來的，沒有任何正確或不正確的地方。這是因為資料中沒有標記或目標變數，因此沒有任何東西可以用來比較模型結果。雖然有這個限制，非監督式學習還是非常強，並且有許多實際應用。

當未標記資料豐富而標記資料不多時，半監督式學習可能是一種非常有用的方法。我們將在下一章中詳細介紹其他流行的學習類型，包括強化學習、轉移學習和推薦系統。

在同時含有標記和未標記資料的機器學習任務中，過程是取用資料輸入並將其映射到某種輸出。大多數機器學習模型的輸出都出奇簡單，不是

數字（連續或離散，例如 3.1415），就是一個或多個類別（又名群組；例如，「垃圾郵件」、「熱狗」），又或是機率（例如，35% 的可能性）。在更進階的 AI 案例中，輸出可能是一有組織的預測（即一組預測值，而不是單一值），也可能是一序列預測字母和單字（例如，片語、句子），或人為產生最新芝加哥小熊隊比賽結果（小熊隊加油！）。

AI 定義和概念

早前，我們將 AI 簡單定義為機器展示的智慧，其中包含機器學習和特定技術的部分（像是深度學習）。在進一步發展 AI 定義之前，讓我們先定義一下智慧的概念。智慧的大致定義是：

> 學習、理解和應用所學知識以實現一個或多個目標

因此，基本上智慧是使用學到的知識來實現目標和執行任務的過程（對於人類來說，例子包括做決策、進行對話和執行工作任務）。對智慧進行定義後，很容易看出 AI 就只是機器所展示的智慧。更具體地說，AI 描述了機器何時能夠從資訊（資料）中學習，產生某種程度的理解，然後使用學到的知識做某事。

AI 領域涉及並借鑑了神經科學、心理學、哲學、數學、統計學、電腦科學、電腦程式等各方面。鑑於其基礎和與認知的關係，AI 有時也被稱為機器智慧或認知運算；也就是，與發展知識和理解力相關的思想過程。

更具體地說，認知和更廣泛的認知科學領域，是用於描述大腦的過程、功能和其他機制的用語，使得收集、處理、儲存和使用資訊來產生智慧和驅動行為成為可能。認知過程包括注意、感知、記憶、推理、理解、思考、語言、記憶等。其他相關且更深層次的哲學概念包括心智、感覺、意識和覺悟。

那麼，是什麼驅動了智慧？對於 AI 應用，答案是資料形式的資訊。以人類和動物為例，新資訊不斷地透過五感，從經驗和周圍環境蒐集起來。然後，這些資訊通過大腦的認知過程和功能。

令人驚訝的是，人類還可以從已經儲存在大腦中的現有資訊和知識中學習，將其應用於理解和發展關於其他事物的知識，還可以發展自己對新話題的想法和觀點。有多少次你思考一些你已經理解的資訊，然後突然蹦出「啊哈！」的新理解？

經驗也是 AI 的重要因素。AI 是透過使用特定任務的相關資料來訓練和最佳化過程實現的。隨著新資料的出現，AI 應用可以隨著時間而更新和改善，而這是 AI 從經驗中學習的部分。

出於多種原因，不斷從新資料學習很重要。首先，世界及其人類居民總是在發生變化。潮流和時尚來來去去；新技術被引進，老技術被淘汰；產業被打亂；且新的創新不斷推出。因此，例如，今天線上購物相關的資料，可能與你明天或幾年後收到的資料大不相同。汽車製造商可能會開始詢問哪些因素對人們購買飛行車的影響最大，而不是如今越來越受歡迎和更廣泛上路的電動汽車。

最終，資料和從中訓練出來的模型可能會變得過時，這種現象稱為**模型漂移**。因此，AI 應用的更新，和透過不斷從新資料學習來繼續獲得經驗和知識，是非常重要的。

AI 類型

AI 通常會搭配強（strong）或窄（narrow）等修飾語。我們接下來介紹的這些修飾語，旨在描述 AI 的本質。AI 被修飾語描述的部分，可能與 AI 能同時執行的任務數量有關；在神經網路下，特定演算法的架構；AI 的實際使用方式；或使用 AI 解決給定問題的相對難度。

雖然這可能因參考或研究人員而異，但 AI 可以用類別和關係來分，如
圖 4-3 所示。

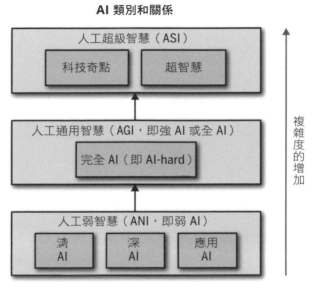

圖 4-3　AI 類別和關係

從人工弱智慧（ANI）開始，「弱（weak）」和「窄（narrow）」這兩
個用語可以通用，表示 AI 是專門的，只能執行單一的、侷限的任務；
它不能展現認知。這意味著弱 AI 雖然通常令人印象深刻，但絲毫沒有
知覺、意識或警覺。在撰寫本書時，幾乎所有 AI 都被認為是弱 AI。

「淺」和「深」是用於描述神經網路架構中隱藏層數量的修飾語（在
附錄 A 中有詳細討論）。淺層 AI 通常是指具有單一隱藏層的神經網
路，而深度 AI（與深度學習同義）是指具有多個隱藏層的神經網路。

應用 AI 就像它聽起來的那樣，它是 AI 在預測、推薦、自然語言和識
別等現實問題中的應用。如今，你經常聽到用智慧來描述 AI 驅動的軟
體和硬體解決方案（例如智慧家居）。也就是說，某種形式的 AI 被用
作解決方案的一部分，雖然公司經常誇大其對 AI 的使用。由於現今所

有 AI 都被認為僅是「窄」的，因此應用 AI 看起來會近似於窄 AI，這在未來可能會發生變化，將我們帶到下一個類別。

人工通用智慧（AGI）也稱為「強」或「完全」AI。AGI 設定了標準，因為它代表了機器智慧能夠展示認知並執行與人類相同程度的認知過程。或者，換句話說，它具有在功能上與人類相當的認知能力。這意味著機器可以執行任何人類可以執行的任務，並且不限於將智慧應用於單個特定問題。這是一個非常高的標準。我們將在本章後面更詳細地討論 AGI 以及實現它所面臨的挑戰。

值得注意的是，某些 AI 問題被稱為**完全人工智慧（AI-complete）**或**困難人工智慧（AI-hard）**（例如 AGI、自然語言理解），這只是意味著這些問題非常進階，很難完全解決。創造與人類同等智慧的機器，是一個非常難去解決的問題，而且不是我們今天看到的 AI。

人工超級智慧（ASI）以及科技奇點和超智慧等相關概念，描述了 AI 疾速地自我更新並自我提高並最終超越人類智慧和科技進步的場景。雖然奇點和超級智慧的可能性，在很大程度上存在爭議（*http:// bit.ly/2IVn1Av*），也不是近期會出現的。再者，雖然現在沒什麼好擔心的，但值得注意的是，某些科技（如深度強化學習）正被用於 AI 應用中，以實現隨著時間而改善的自我導向學習。

像人類一樣學習

嬰兒和非常小的幼童，雖然只看過一次特定動物的圖片或插圖，卻能夠在幾乎各種情況下（例如，地點、位置、姿勢、光線）識別出那些特定動物。這是人類大腦了不起的壯舉，它涉及初始學習，然後將其應用於不同的情境。

Tom Simonite（*http://bit.ly/2MVfLdr*）在 MIT Technology Review 上發表了一篇很棒的文章，名為〈The Missing Link of AI〉（*AI 缺失*

的連結）。這篇文章是關於人類學習的方式，以及 AI 科技必須如何發展才能以類似的方式學習，並最終展現出類人智慧。Google 的 Jeff Dean 說：「最終，非監督式學習將成為建構真正智慧系統的一個非常重要的組成部分—如果你看看人類是如何學習的，它幾乎完全是非監督式的。」Yann LeCun 對此進行了擴展：「我們都知道非監督式學習是最終的答案。」

文章指出，嬰兒自己學會了物體是由其他物體支撐的（例如，書在咖啡桌上），因此即使有重力，被支撐的物體也不會掉到地上。孩子們也學習到，在他們離開房間後，無生命的物體仍會留在房間的同一個地方，而他們可以期待他們回房間時它仍然在那裡。他們在沒有明確教導的情況下知道這個，或者換句話說，這種學習是非監督式的，且不涉及標記資料，而標記指的可能是父母教孩子的一些東西。

隨著時間，孩子們還從嘗試不同事物來學習，例如通過實驗和試錯。即使他們不應該這樣做，或者即使知道某些結果可能是不好的，他們還是會這樣做，以學習因果關係並學習他們周遭的世界。這種學習方法與強化學習高度相似，是 AI 研究和發展非常活躍的一個領域，且可能有助於在類人智慧上取得重大進展。

在一般人類學習的背景，人類能夠感知周遭的世界，並自行賦予事物意義。這些可以是識別模式、物體、人物和場所。它可以弄清楚某些東西是如何進行的。人類也知道如何使用自然語言進行溝通。人類大部分的學習方式都是以非監督式、自學和試錯的方式進行的。這些都是人類大腦的非凡壯舉；但這些壯舉很難用演算法和機器模仿，正如我們接下來討論的那樣。

AGI、殺手機器人、和單一用途

AGI 要成為能夠做和理解任何人類所能的事情的 AI，還有很長的路要走。這意味著我們現在不需要擔心殺手機器人，或者也許永遠不需要

擔心。Pedro Domingos 在他的《The Master Algorithm》[1]（大演算）一書中指出：「人們擔心電腦會變得太聰明並接管世界，但真正的問題是人們太愚蠢而且人們已經接管了世界。」他接著說，考慮到機器學習的方式，最重要的是，因為電腦沒有自己的意志，AI 接管世界的機會為零。

AGI 是一個非常難解決的問題。想一想，要真正在機器中複製所有人類智慧，AI 需要能夠觀察周遭的世界，在持續和自我導向的基礎上自我學習（即展示真正的自主性），以便不斷地理解所有事物，並像人類一樣自我提升。它需要了解人類所做的一切，甚至可能更多，並且能夠將知識歸納和轉移到任何情境中。這在很大程度上就是兒童和成人所做的。但是，當非監督式學習沒有我們前面討論的正確答案時，你要怎麼辦呢？你如何訓練機器在沒有教學的情況下學習某些東西—也就是說，讓它自學？

這些都是很好的問題，而答案是你不會，至少不會在當今最進階的 AI 和機器學習方法中。目前，AI 中最進階的技術包括神經網路、深度學習、遷移學習和強化學習。這些技術並不特別適合非監督式學習的應用。它們也非常專注於單一的、高度專業化的任務。

經過訓練能識別影像中的貓的深度學習神經網路，也無法預測三年後你房子的價格；它除了識別影像中的貓以外沒有其他能力。如果你想要一個預測模型來預測你房子的價格，你必須創建並訓練一個獨立的模型。因此，AI 並不擅長多任務處理，而且目前每個例子幾乎都是單一用途。

雖然對於神經科學家來說，人腦究竟是如何運作仍然是一個謎，但有一點很清楚：大腦並不像電腦一樣是純粹的運算機器。大腦被認為可

---

1 Domingos, Pedro. *The Master Algorithm: How the Quest for the Ultimate Learning Machine Will Remake Our World.* New York: Basic Books, 2015.

以用複雜的、演算為基礎的生物神經網路機制，來處理感覺資訊，可以根據模式來儲存記憶、解決問題並根據資訊回想和預測來驅動動作（行為）。

這是一個從出生開始並貫穿我們一生的過程，並且通常以一種高度非監督的、基於試錯的方式進行。大腦令人難以置信的記憶儲存和回憶機制是它與純運算機器不同之處，也是使人類能進行非監督式學習的原因。一個人的大腦能夠不斷地學習和儲存人類一生中所學到的所有資訊和記憶。機器將如何模擬它呢？它無法，至少近期無法。

與人類的非監督式和自我學習不同，運算機器完全依賴於極其詳細的指令。就是我們所說的軟體程式碼。甚至自動學習和無具體程式邏輯的預測模型（AI 和機器學習的魔法）也被整合到電腦程式設計師寫的軟體程式中。鑑於當前最先進的 AI，如果機器沒有對所有它可能遇到的任何環境和任何條件所遇到的每一種可能感官場景進行訓練或寫程式，根本不可能實現 AGI。

這意味著智慧機器不能像人類一樣擁有自由意志；也就是，在有限甚至無限的可能性的情況下，不太可能以人類的方式做出任何決定或採取任何行動的能力。除了強化學習等技術外，智慧機器僅限於將輸入映射到某些輸出。

另一方面，人腦可以對他們以前遇過或沒有遇過的場景做出反應。它們可以即時自然地整合五感的感官資訊，毫不費力，而且速度很快。人類能夠不斷適應環境中不在計劃內的變化，例如與他人進行出乎意料的對話（例如，一個電話、遇到朋友）、找出電視突然無法打開的原因、處理環境天氣的突然變化、對事故（例如，汽車、灑出東西、碎玻璃）做出回應、錯過公車、確定電梯壞掉（人類立即知道要找樓梯）、信用卡不能用、購物袋破了、避開突然穿越馬路的孩子、……現實世界幾乎有無限多的例子。

人類也能夠思考，這是一個不需要感官輸入資料的過程。你可以坐在沙灘上凝視海浪，同時思考許多與海灘和海洋完全無關的事情，但今天的 AI 演算法就像絞肉機：你需要將牛肉放入絞肉機才能得到碎牛肉。除了強化學習等技術之外，AI 演算法不會在沒有相關輸入的情況下產生輸出，尤其是與人類想法不相近的東西。

在《因果革命：人工智慧的大未來》[2] 中，作者討論了人類也能夠基於對世界因果的理解（起因和影響）和反思能力進行推理、做出決定、採取行動並得出結論。反思意味著我們能夠回顧我們的決定或行動，分析其結果，並決定我們是否會用不同的方式做事，或者下次在類似的情況下會做不同的事。這是人類自然學習的一種形式，其中輸入是先前採取的行動或做出的決定。

我們也對我們一生中不斷發展的世界有因果關係的理解。我們知道相關性並不隱含因果關係，但大多數 AI 和機器學習演算法都是基於相關性（例如預測分析），而完全沒有因果關係的概念。一個著名的例子是冰淇淋銷量的增加伴隨著溺水死亡人數的增加，因此預測演算法可能會得出冰淇淋消費量的增加會導致溺水。但只要稍微一想，人類可以很容易地找出遺漏因子（稱為**混淆變數**）是一年中的時間和溫度，這是冰淇淋和溺水人數都增加的真正原因；AI 卻無法弄清楚這一點。

最後，自動化和自主性之間存在顯著差異，這兩者在機器人和 AI 往 AGI 發展的情境下高度相關。自動化是編寫軟體程式的結果，可以一次性或重複地自動執行以前需要人工協助的任務。另一方面，自主性則是關於獨立、自我導向以及對環境中的相互作用和變化回應的能力。現有機器人和 AI 應用的自動化和自主性的程度不同，目前大多數的應用更多地是較偏自動化的。

2　Pearl, Judea and Dana Mackenzie. *The Book of Why: The New Science of Cause and Effect*. New York: Basic Books, 2018

在 AGI 的背景下，真正的自主性是非常困難的，原因還有電腦視覺等感測技術的局限性。在受控和一致環境下，電腦視覺和影像識別的物件偵測和識別方面已經取得了進步，但該技術並不擅長理解不斷變化、不一致和充滿驚喜的環境，而這些環境更能反映現實。

資料驅動了 AI

AI、機器學習、大數據、物聯網 IoT 和任何其他形式以分析驅動的解決方案，有一個共同點：資料。事實上，資料為數位技術的方方面面提供動力。

本節涵蓋資料的力量，包含使用資料做出決策、AI 應用中常使用的資料結構和格式、資料儲存和常見資料來源，以及資料準備度的概念。

大數據

世界從未像今天這樣收集或儲存如此多的資料。此外，資料的種類、數量和產生速度都在以驚人的速度增長。例如，Rio Tinto 是一家收入超過 400 億美金的礦業公司領導者，它採用大數據和 AI，從每分鐘產生的 2.4 TB 感測器資料，做出資料驅動的決策（*http://bit.ly/2x2ChpK*）！

大數據領域就是從這些龐大、多樣化和快速移動的資料集，高效地獲取、整合、準備和分析資訊。但是，由於硬體和／或計算限制，從這些資料集處理和提取價值變得不可行或無法實現。為了應對這些挑戰，需要新的和創新的硬體、軟體工具和分析技術。大數據是用於描述資料集、技術和客製工具的組合的用語。

此外，如果沒有伴隨某種形式的分析，除非正從資料賺錢，任何類型的資料基本上都是無用的。除了前述之外，人們也使用大數據來描述對非常大的資料集進行分析，其中可能包括 AI 和機器學習等進階分析技術。

AI 應用的資料結構和格式

大致上，我們可以將資料分類為結構化、非結構化或半結構化，如圖 4-4 所示。

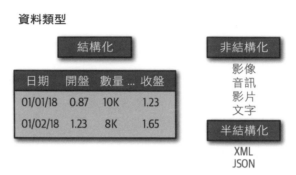

圖 4-4　資料類型

讓我們從結構化資料開始。我們可以將結構化資料想成具有結構的資料。雖然在圖 4-4 中以表格形式顯示，結構化資料是組織好的資料，可以輕易放入表格、試算表或關聯式資料庫中。結構化資料典型的特色是擁有特徵，也稱為**屬性**或**欄位**。當以這種方式建構時，它通常被稱為資料模型，而且查詢、結合、匯集、過濾和排序資料變得相對容易。

圖 4-4 顯示了表格格式的結構化資料例子。在這裡，資料被組織成欄和行，其中行代表個別資料例子（也稱為紀錄、樣本或資料點），欄代表每個例子的資料特徵。圖 4-4 也顯示了標記和未標記資料的例子，這我們之前討論過。

非結構化資料與結構化資料相反，因此不以任何方式組織或結構化，也不以資料模型為特徵。常見例子包括影像、影片、聲音和文字，可以從評論、電子郵件正文和談話轉成文字等得來。

請注意，非結構化資料可以被標記，就像影像一樣。可以根據影像的主要主題對影像進行標記；例如，根據描繪的動物類型，將影像標記為貓或狗。

半結構化資料具有一定的結構，但不像結構化資料那樣容易組織成表格。例子包括 XML 和 JSON 格式，這兩種格式通常在軟體應用中用於資料傳輸、資料酬載，並以平坦檔（flat file）表示。

與 AI 應用相關的最後一種資料類型和格式，是**序列資料**，**語言**和**時間序列**是兩個常見的例子。序列資料的特徵是資料會按順序排列，其排序機制是某種索引。時間是時間序列資料的索引，物聯網中的感測器或資料擷取系統，是時間序列資料來源的好例子。

序列資料的另一個例子是語言。語言的特點不僅在於文法和溝通用途，還在於字母和單字的序列。一個句子是一序列的單字，而當單字序列被重新排列時，它可以很容易地就有不同的意義，或者在最糟的情況下是毫無意義的。單字的排列方式具有非常特定的含義，並且對於說特定語言的人來說最有意義。

資料儲存

公司和個人通常會產生大量資料，且通常是通過迥異且不統一的軟體和硬體應用產生的，每個都建立在一個獨特的「後端」或資料庫上。資料庫用於永久和臨時的資料儲存。資料庫有許多不同的類型，包含它們在磁碟上實體儲存資料的方式、它們儲存的資料類型（例如結構化、非結構化和半結構化）、它們支持的資料模型和綱要、它們查詢使用的語言，以及它們處理治理和管理任務的方式（例如可擴縮性和安全性）。在本節中，我們將重點介紹一些 AI 應用最常用的資料庫：**關聯式資料庫**和 *NoSQL 資料庫*。

關聯式資料庫管理系統（RDBMS）非常適合儲存和查詢結構化關聯式資料，有些還支持儲存非結構化資料和多種儲存類型。關聯式資料是指儲存在資料庫不同部分（即表格）的資料，通常根據關係的預定義型態類型（例如一對多）相互關聯。每個表格（或關係）由列（紀錄）和行（欄位或屬性）組成，每列具有唯一標識符（鑰匙）。關聯式資料庫通常提供其他資料庫不具備的資料完整性和交易保證。

NoSQL 資料庫系統是為可擴展性和高可用性而創建的，並已獲得廣泛普及。這些系統還具有現代網路規模資料庫的特點，通常是無固定綱要的、容易複製，並具有簡單的應用設計介面（API）。它們最適合非結構化資料和處理大量資料（例如大數據）的應用。事實上，這些系統中，許多都是為特別的要求和資料量而設計的，可以利用大規模的橫向擴展（例如，數千台伺服器）來滿足需求。

NoSQL 資料庫有多種類型，其中最普遍的是文件、關鍵值、圖形和寬列，不同的類型主要是指資料的儲存方式和資料庫系統本身的特點。值得注意的是另一種近年來受到關注的資料庫系統。NewSQL 資料庫系統是結合了類似 RDBMS 的保障，與類似 NoSQL 可擴展性和性能的關聯式資料庫系統。

特定資料來源

有許多特定類型的資料源，而且許多資料源在很多大公司中被同時使用。某些類型的資料可用於客戶產品和服務的自動化和最佳化，而其他類型的資料更適合內部應用最佳化。以下是可能的資料源的列表，我們將分別來看：

- 客戶
- 銷售和行銷
- 營運

- 事件和交易

- 物聯網 IoT

- 非結構化

- 第三方

- 大眾

大多數公司使用客戶關係管理工具或 CRM。這些工具管理了現有和潛在客戶、供應商和服務提供者的互動和關係。此外，許多 CRM 工具能夠以原生方式和／或通過整合，來管理多管道的客戶行銷、通訊、定位和個人化。因此，CRM 工具可以成為以客戶為中心 AI 應用的重要資料來源。

雖然許多公司使用 CRM 工具作為他們主要客戶資料庫，但 AgilOne 等客戶資料平台（CDP）工具通過結合客戶行為、參與度和銷售方面的資料源，來創建單一、統一的客戶資料庫。CDP 工具旨在供非技術人員使用，且與資料倉庫類似，它們用於推動有效的分析、見解收集和目標性行銷。

銷售資料是公司擁有最重要的資料之一。典型的資料源包括公司有實體商店的銷售點資料、線上購物應用的電子商務資料，以及服務銷售的應收帳款。許多在實體店銷售產品的公司也在線上銷售產品，因此能夠使用這兩個資料源。

行銷部門透過多種管道與客戶溝通並提供折扣，並相應地產生特定管道的資料。常見的行銷資料源可以包括電子郵件、社群、付費搜尋、程式化廣告、數位媒體參與（例如，部落格、白皮書、網路研討會、資訊圖表）和行動 app 的推送通知。

營運資料以業務功能和流程為主。例子包括客戶服務、供應鏈、存貨、訂貨、IT（例如網路、日誌、伺服器）、製造、物流和會計相關的資

料。營運資料最常被拿來深入了解公司內部營運狀況，以改善流程並盡可能實現自動化，從而實現提高營運效率和降低成本等目標。

對於主要以軟體即服務（SaaS）應用和行動 app 等數位產品的公司，通常會產生和收集大量事件和交易的資料。值得注意的是，雖然個人銷售當然可以被視為交易，但並非所有交易資料都與銷售相關。事件和交易資料包括銀行轉帳、提交申請、放棄線上購物車，以及使用者互動和參與資料，例如點擊流和 Google Analytics 等應用收集的資料。

隨著 IoT 革命高潮不減，研究顯示，到 2025 年全球將有超過 750 億台的連接裝置（*http://bit. ly/2WOtMcz*），產生高達 11 兆美金的經濟價值（*https://mck.co/2In3SbP*）。不用說，連接的裝置和感測器會產生大量且不斷增加的資料。這些資料對 AI 應用非常有用。

公司還擁有許多非常有價值的非結構化資料，這些資料通常都未被使用。如前所述，非結構化資料可以包括影像、影片、聲音和文字。當資料源自產品或服務客戶評論、回饋和調查結果時，文字資料對自然語言處理應用特別有用。

最後，公司通常會使用本節可能未提及的多種第三方軟體工具。許多軟體工具允許資料與其他工具整合，也可以輸出以用來分析和可攜性。在許多情況下也可以購買第三方資料。最後，隨著網路的爆炸式成長和開源運動，我們還可以使用大量免費且非常有用的公開資料。

資料要能有助於產生可行動的深刻見解和強大的 AI 解決方案的關鍵，是資料的可用性和存取、是否集中資料，以及所有資料準備度和品質，我將在下一節中介紹。

資料準備度和品質（對的資料）

讓我們以 AIPB 中一個主要考量的關鍵概念—資料準備度和品質的概念，來做為本章結尾。可以成功為某個 AI 解決方案提供動力的高品質

和現成資料（正如我們將定義的那樣）就是我所說的「對」的資料。
這是解決方案成功的首要關鍵。

我用資料就緒這個詞來統指以下內容：

- 足夠的資料量
- 足夠的資料深度
- 均衡的資料
- 具有高度代表性和不偏倚的資料
- 完整的資料
- 乾淨的資料

在依次討論每個資料就緒要項之前，讓我們談一下**特徵空間**的概念。
「特徵空間」是指用於特定問題的資料集中包含的所有可能特徵值組
合的數量。在許多情況下，加入更多特徵會導致特定問題所需的資料
量呈指數成長，現象的原因稱為**維度的詛咒**，我們將在稍後的補充資
訊中進一步討論。

足夠的資料量

讓我們從需要足夠數量的資料開始。需要足夠的資料，來確保在學習過
程中發現的關係，是具有代表性和統計顯著性。此外，你擁有的資料越
多，模型就可能越準確。資料越多也較能有簡單的模型並減少創建新特
徵的需求，這是一個稱為**特徵工程**的過程。特徵工程可以像轉換單位
一樣簡單；但其他時候，它要從其他特徵的組合中創出全新指標。

足夠的資料深度

一般來說，擁有足夠數量的資料是不夠的；AI 應用還需要足夠多樣的
資料。這就是足夠的資料深度發揮作用之處。深度意味著有足夠多樣
資料來充分填充特徵空間，即在標記資料中，一組足夠好的不同特徵

值的組合,使模型能夠適當地學習資料特徵本身之間以及資料特徵和目標變數之間的潛在關係。

此外,想像一下有一個有數千行資料的資料表。假設絕大多數的行,重複著完全相同的特徵值。在這種情況下,如果模型只能學習重複特徵資料和目標之間表示的關係,那麼擁有大量資料對我們沒有任何好處。需要注意的一點是,任何特定的資料集都不太可能具有所有特徵值的各種組合,來完全填充特定的特徵空間。但沒關係,通常這是預期中的。一般來說,你可以用足夠多樣性的資料來獲得適當的結果。

維度的詛咒

讓我們討論一個被稱為「維度的詛咒」的概念,其中維度或維數這兩個用語可以與特徵交替使用。維度的詛咒,簡單來說,基本上指的是向特定資料集加上額外特徵,將導致給定問題的所有特徵中可能的特徵值組合數量(統稱為特徵空間)非線性、指數成長。所有特徵的可能特徵值組合的增加,可能會產生許多潛在的具挑戰性的後果,我們稍後會詳細討論。

在監督式學習中,我們同樣將目標變數的所有可能值範圍稱為「目標空間」。對於二元的分類任務,這應該只有兩個可能的值,但對於多標籤或迴歸任務,這也許會擴展更多的可能值。作為旁注,我們在附錄 A 中討論參數學習,其中參數機器學習演算法的目標,是為可能的最佳模型找到最佳參數值。所有模型參數的所有潛在值,都代表所謂的參數空間。

就特徵而言,資料集的每個特徵都可以採用不同的值類型和範圍。例如,一些特徵可能是二元的,只取兩個可能值之一;其他可能是特定類別或群組的文字標記(例如,貓或狗);另外有一些值可能來自連續範圍可能值的數字(例如,股票價格)。

第一個問題是,對於每個加上的特徵,需要以指數方式增加額外資料量,才能從新擴大的特徵空間中填充足夠數量的值。這樣模型就可以更好地學習特徵值以及潛在關係和相關性的所有可能組合。如果沒有

額外的資料來填充所需特徵空間的額外區域，模型將失去預測能力；即準確預測特定特徵值組合的特定目標值的能力。

加上額外特徵和維度的詛咒的另一個後果，是模型訓練所需的計算速度和記憶體也呈指數增長，這也會增加模型訓練成本。特別是某些機器學習演算法不太適合處理高維資料，但處理其他的則較好。我們可以使用降維和特徵選擇等技術來幫助解決這個問題，但可能需要更多的特徵，具體取決於效能和準確性要求。這意味著平衡維度的詛咒和性能需求是一種權衡，需要做出決策。

在 Pedro Domingos 的《*The Master Algorithm*》（暫譯：大演算）一書中指出，沒有任何機器學習演算法可以免受維度的詛咒的影響，而這是機器學習中，僅次於過度擬合的第二個最嚴重的問題（如附錄 A 和 B 中所討論的）。

均衡的資料

一個相關的概念是均衡資料，它適用於標記資料集。資料集的均衡程度，是指資料集內目標值的比例。假設你有一個垃圾郵件與非垃圾郵件資料集，你想用它來訓練垃圾郵件分類器。如果 98% 的資料不是垃圾郵件，而只有 2% 是垃圾郵件，那麼分類器可能沒有足夠的垃圾郵件例子，來學習現實世界垃圾郵件可能包含哪些內容，從而有效地把所有新的和未來的郵件分類成垃圾郵件或非垃圾郵件。具有相同比例的目標值是理想的，但這可能很難實現。通常，某些值或類別較稀有，因此代表性不均。你可以使用一些資料塑模準備技術來嘗試彌補這一點，但它們超出了此處討論的範圍。

具有高度代表性和不偏倚的資料

另一個相關概念是具有代表性的資料。這類似於擁有足夠的資料深度來充分填充特徵空間。擁有具有代表性的資料，不僅意味著能盡可能地填充特徵空間，而且還表示特定模型在當前和未來的所有情況下可能在現實世界中看到的特徵值的範圍和多樣性。從這個角度來看，重

要的是要確保資料除了要有足夠多樣和組合的特徵值，還要涵蓋了運行於正式環境後可能看到的現實世界的範圍和組合。

如果你使用的資料是樣本或來自更大資料集的選擇，那麼避免樣本選擇偏差或抽樣偏差（一種選擇偏差）很重要。如所討論的，若能避免不準確或有偏差的資料樣本，則能產生具有高度代表性的資料。隨機化是一種有助於減輕抽樣偏差的有效技術。應該避免的另一種更嚴重的偏差形式，稱為演算法偏見，我們將在第 13 章中進一步討論這個主題。

完整的資料

資料完整性意味著擁有所有可獲得的資料，包括主要因素、促成因素、指標或其他方式，來描述在監督式學習應用中，擁有對目標變數具有最相關和最有影響的資料。當可獲得資料中沒有對某事物價值貢獻最大的因素時，創建模型來預測某事物可能非常困難。

有時，簡單地加上額外的資料特徵就可以解決問題，而其他時候，必須從現有特徵和原始資料中創建新特徵；換句話說，就是前面提到的特徵工程過程。要確保你的資料完整，還包括確保處理任何遺漏值。處理遺漏值的方法有很多，例如插補和內插，但進一步的討論超出了這裡的範圍。

乾淨資料

最後，資料乾淨度是資料準備度的關鍵。除特徵工程和特徵選擇外，資料清理和準備是 AI 和機器學習開發中最關鍵的兩項任務。資料清理和準備（通常也稱為資料轉換、整理、處理、轉變和清理）通常作為實際資料科學和建模過程要處理的一部分，我在附錄 B 中對此進行了深入介紹。資料很難非常乾淨且非常適用於機器學習和 AI 任務。它通常需要大量的工作來清理和處理，實作者常說，80% 的 AI 和機器學習工作是清理資料，另外 20% 才是很酷的東西；例如，預測分析和自然語言處理（NLP）。這是經典的柏拉圖原理的例子。

我們認為資料「髒」是有很多原因的。資料通常包含徹底的錯誤，例如，當準備資料集時可能出現錯誤，並且表頭與資料值不相符。另一個例子是，一個電子郵件位址資料特徵被標記為「Email」，但所有值都是電話號碼。有時值不完整、損壞或格式不正確。再舉個例，可能是由於某種原因而電話號碼全都缺少一個數字。也許你的資料中原本應該是數字，卻出現了文字串。資料集通常會有奇怪的值，像是 NA 或 NaN（不是數字）。可靠且無錯誤的資料，是衡量資料準確性的指標，也是大家追尋的目標。

因果關係的註釋

一個非常重要值得一提的概念，是因果之間的區別，以及這與 AI、機器學習和資料科學的關係。在測量資料中捕獲「果」可能相對容易，但找到導致觀察到「果」的「因」通常要困難得多。

在預測分析中，有一些方法可以使用某些模型類型的參數（我在附錄 A 中介紹）作為對某個特徵或因素對特定結果的影響的預估，因此對在我們有興趣並試圖預測的目標變數的預知上，有相對的影響。同樣的，我們可以使用統計技術來衡量特徵之間的相關性，例如它們之間的關聯程度多大。這兩種都是非常有用的技術並提供有用的資訊，但這些資訊可能會產生誤導。

用一個非常牽強的例子來說明這一點，也許我們判定棉花糖銷量增加與房價上漲直接相關，而且兩者之間的相關性似乎非常強。我們可以得出結論，棉花糖銷售會導致房價上漲，但我們很聰明，知道這不太可能發生，肯定還有其他事情發生。通常還有其他我們無法衡量或不了解的因素在起作用（即上述提到的混淆變數）。

在這個例子中，也許 s'mores（譯註：烤棉花糖夾餅乾）成為當地餐廳超級流行的甜點，而這個地區的房地產需求正經歷巨大增長，是由於

大公司的湧入。這裡房價上漲的真正根本原因是企業的湧入，而棉花糖銷售的增加只是該地區的一種趨勢，但兩者剛好同時發生。

了解特定現象的真正根本原因是理想的，因為它可以讓我們獲得最深刻的理解和見解，並做出最合適和最佳的改變（即，將正確的槓桿移到對的地方），以達到一定的成果。各種測試和實驗方法（例如，A/B 和多變數）被巧妙設計來確定因果關係，但在某些情況下（例如，試圖確定肺癌的原因），這些技術在實際上可能難以或不可能執行。因此，設計了其他技術，例如**觀察因果推論**，它試圖從觀察資料中獲得相同的見解。

結論

希望本章能幫助你更理解 AI 及其相關領域的定義、類型和差異。我們討論了人類和機器如何學習，而 AI 和機器學習代表著機器用來從資料中學習，但不需要有具體程式邏輯的技術，然後使用獲得的知識來執行某些任務。這就是讓機器展示智慧的原因；這是秘方。它允許人類以他們自己無法做到的方式進行分析。

另一方面，資料科學代表了我所說的資料科學專業的四大支柱（企業 / 領域、數學 / 統計、程式設計和有效溝通）以及科學流程，以培養足夠的資料並迭代地產生可操作的深度見解，和開發 AI 解決方案。

我們還討論了資料如何為 AI 解決方案提供動力，以及 AI 成功所必需的重要資料特徵和考量因素。最重要的是，這包含了資料準備度和品質的概念。這兩者都是 AI 成功所必需的。

借助從本章中獲得的知識，讓我們接下來討論 AI 在現實世界中的機會和應用。這應該有助於激發想法並為開發 AI 願景提供所需的背景知識，這是本書第二部分的主題。

Chapter 5

現實世界的應用和機會

我最常被問到的一個問題,是如何在現實世界中使用 AI。本章概述了現實世界應用和 AI 的例子。特別的是,本章的目標是展示 AI 如何創造現實價值並幫助激發 AI 創新的願景。

值得注意的是,這個主題本身可以用整本書來討論,所以這裡的目標是,讓你了解各類型應用大致如何運作,並提供一個或多個例子來說明我們如何應用每個類型。在進入具體的實際應用和例子之前,讓我們回顧一下 AI 的當前狀態和可能的機會。

AI 機會

一份 2018 年麥肯錫的 AI 採用報告(*https://mck.co/2YNGNVb*)指出,AI 在特定行業中的業務功能產生最大價值,其中採用率從高到低依次為服務營運、產品和 / 或服務開發、行銷和銷售、供應鏈管理、製造、風險、人力資源、策略和公司財務。此外,採用 AI 的行業(*https://mck.co/2YNGNVb*)從高到低有電信、高科技、金融服務、專業服務、電力和天然氣、醫療照護系統和服務、汽車和裝配、旅行 / 運輸 / 物流、零售和製藥 / 醫療產品。

PwC 估計,到 2030 年,AI 可能為全球經濟貢獻高達 15.7 兆美金(*https://pwc.to/2DOYhpd*),而麥肯錫估計某些 AI 技術「有潛力每年創造 3.5 兆至 5.8 兆美金的價值,涵蓋 19 個行業的 9 個業務功能部門。」(*https://mck.co/2Hv22VP*)

Teradata（天睿）估計，全球 80% 的企業公司已經將某種形式的生產 AI 整合到他們的組織中（*http://bit.ly/2HQMwCS*），Forrester 估計「真正由見解驅動的企業，到 2020 年每年將從其知之甚少的同行企業中竊取 1.2 兆美金。」（*http://bit.ly/2HyJNzz*）

正如這些產業和數據所表明的那樣，AI 代表著巨大的機遇，並開始在各行各業和業務功能部門廣泛採用。鑑於當前物聯網的興起，這些數字可能會顯著增加。IDC 預測，到 2021 年，全球物聯網支出總額將接近 1.4 兆美金，到 2020 年，全球物聯網市場將增長到 4570 億美金（*http://bit.ly/2VW2Iwk*）。

我如何應用 AI 到現實中？

我經常被問到（通常是高階經理人和經理人）的另一個問題是：「我如何應用 AI 來做出決策和解決問題？」很少有人真正了解 AI 是什麼、它能做什麼，或者是如何將它應用到現實世界中。理想情況下，具有 AI 專業和商業頭腦的企業主管、經理人或實作者，可以回答這個問題，但我加入了這一節，是為了那些沒有 AI 專家或希望自己解決這問題的高階經理人們。

與 AI、機器學習和資料科學相關的一切，包括可能的應用，都可能相當不明確。事實上，它可能十分令人生畏和難以掌控。你如何知道哪些技術適用於哪些使用案例？你如何知道哪些 AI 應用和成果在你的行業或業務功能上最常見？你怎麼知道你應該要想到多細？作為一名執行長或經理人，關鍵是要知道大方向，並讓資料科學家和機器學習工程師弄清楚要嘗試哪些特定技術。關鍵詞是「嘗試」，這是一個實驗和科學的過程！

在我的經驗中，AI 在商務和技術之間的轉換是主要挑戰之一。部分是因為對於很多人來說，AI 很具技術性且難以理解。另一方面是因為使用 AI 並且運用資料創造價值的方式，幾乎是毫無極限的。

讓我進一步解釋一下。大多數 AI 和機器學習技術可以用某種方式，應用於所有行業和業務功能。每家公司都有資料，無論是初創公司還是大企業，還是醫療照護、製造或零售公司；同樣的，每個業務功能（即部門）都有資料，無論是行銷、銷售還是營運。

保險公司希望像零售公司一樣預測客戶流失，並且兩者都可以使用相同的技術。我們可以使用影像識別來代替進入辦公大樓的識別卡，就像我們可以使用它來診斷放射影像中的癌症一樣，在這種情況下，使用的技術和識別或辨別影像中某些物件的目標，或多或少是相同的；唯一真正的區別是使用的資料和行業應用。這對於不太熟悉 AI 的人來說，往往是一件很難理解的事情，就算熟悉 AI 的人也很難解釋。

業務人員、領域專家和 AI 實作者必須協同工作，以確定哪些機會是可行的，選擇並排序要追求的機會，並決定哪種方法（同本章概述的）最好。以下大多數方法並非某個行業特定使用；相反，它們可以針對特定的資料和目標進行客製。此外，你應該根據行業或業務功能的潛在價值（和／或投資報酬率），策略性地識別和排序 AI 機會和應用。

表 5-1 應該能回答一些你的問題，尤其你如何應用 AI 的方式。這些技術可以應用到幾乎所有類型的行業和業務功能。由於有太多不同的行業和業務功能，很難將其在本討論中個別述說，因此我採用的方式是提供特定類型的目標，然後列出一種或多種來可幫助實現它的技術。此表格和本章內容並非全面詳盡的。

表 5-1　按目標劃分的 AI 技術的例子

目標	技術
預測一個連續的數值（例如，股票價格）	監督式學習（迴歸）
預測（或指派）類別、種類或標籤（例如，垃圾郵件或非垃圾郵件）	監督式學習（分類）
創建相似資料的群組（以了解每個群組的概況；例如，市場分類）	非監督式學習（分群）
識別高度異常和 / 或危險的異常值（例如，網絡安全、詐騙）	非監督式學習（異常檢測）
將你的產品、服務、功能和 / 或內容依客戶進行客製	推薦（例如媒體、產品、服務）；排名 / 評分；個人化（例如，內容、優惠、訊息、互動、版面設計）
檢測、分類和 / 或識別特定的空間、時間或時空（前兩者例如，聲頻、影片）模式；檢測和分類人類情緒（來自聲音、文字、影像和影片）	識別（影像、聲頻、語音、影片、手寫、文字）；電腦視覺（例如，檢測：運動、手勢、表情、情緒）；自然語言處理（NLP）
讓 AI 自學以隨著時間成為最佳化流程（例如，玩遊戲、自動化）	強化學習
允許人員和流程快速且輕鬆地找到高度相關的資訊（例如文章、影像、影片、文件）	搜尋（文字、語音、視覺）；排名 / 評分
將非結構化文字 / 語音（例如主觀回饋、評論、文件）轉化為可量化、客觀和可採取行動的分析、見解和預測	自然語言處理（NLP）
創建個人或虛擬助理、聊天機器人或語言驅動的代理者（例如，Amazon Alexa、Apple Siri）	自然語言處理（NLP）；自然語言理解（NLU）；例子：問答和對話
創建更好的預測	時間序列方法
產生從一種到另一種的資料（例如，文字、聲頻、影像、影片、語音）	生成式 AI（包括自然語言產生 [NLG]）

目標	技術
資料科學和機器學習過程的自動化部分	自動機器學習
建構包含軟體、硬體和韌體的混合應用（例如，自動駕駛汽車、機器人、物聯網）	所有技術都可以單獨或組合應用
預測或翻譯序列（例如，語言翻譯；預測字元、單字或句子）	深度學習；序列到序列學習
擴增智慧或自動化流程（例如，重複乏味的任務、決策制定、見解）	所有技術可能單獨或組合適用

值得一提的是，你可以將其中許多技術組合到一個 AI 應用中，成為一個利用多方法的應用。請記住，今天幾乎所有的 AI 都是侷限的，只能做好一件事。這意味著我們還沒有可以同時做多件事的演算法。同樣，訣竅是讓各業務人員、領域專家和 AI 實作者共同努力，根據需要去選擇最佳方法和組合。

現實世界的應用與範例

現在讓我們深入了解現實世界的 AI 應用概況，依照各方法類別和例子。提供的例子僅能代表部分，而且主要以企業為中心（我們將在第 9 章中介紹以人為中心的例子）。此外，我本來要用行業或業務功能對應用進行分組，但鑑於我們前面提到每種方法，都有可能以某種方式應用於任何行業或業務功能，我選擇用方法類型進行分組。

這樣的想法是因為，你可以深刻理解各類型技術和應用，但又不會陷入技術的細節，能夠專注於可解釋性。我們將簡單以「演算法」一詞，來描述單一個演算法、模型或使用多個演算法的軟體程式。在每個類別中，我會討論資料輸入的類型、作為黑盒子的演算法（為簡單起見，即使真正的演算法不是黑盒子）以及輸出。

由於這只是一個大致的概述，鼓勵你進一步研究任何感興趣的特定應用，以及它們如何應用於你的行業選擇或所選的業務功能。還有許多資源，可用於學習更多有關所使用的技術細節和特定演算法。

預測分析

預測，也稱為**預測分析**或**預測塑模**，是用標記的（有時是未標記的）輸入資料來預測輸出的過程。機器學習和 AI 背景下的預測分析，可以進一步分為迴歸或分類。

以下關於預測的兩個子小節，說明了以標記（監督式）資料來進行預測。時間序列和序列資料的預測分析將在後面部分介紹。

迴歸

圖 5-1 說明了迴歸是一個過程，將有標記的輸入資料，傳遞給預測模型（為簡要說明，我們假設是黑盒子），再從連續數字範圍（例如股票收盤價）產生數值。

圖 5-1　迴歸

應用包括客戶終身價值和淨利潤（*http://bit.ly/30DDpxB*）、收入和成長預測（*http://bit.ly/2YKUl3H*）、動態訂價（*http://bit.ly/2Hv4VG9*）、信用（*http://bit.ly/30DNwCM*）和貸款違約風險（*http://www.underwrite.ai*）以及演算法股票交易（*http://bit.ly/2Q gg4xk*）。

分類

分類是一個過程，將有標記的輸入資料，傳遞給模型（分類器），再指派一個或多個類別（種類／標記）給輸入，如圖 5-2 所示。

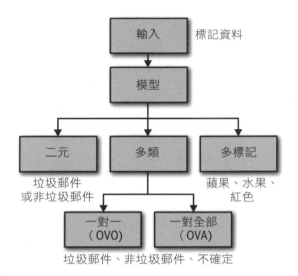

圖 5-2　分類

二元分類器的一個標準例子，是電子郵件的垃圾郵件過濾器。電子郵件（輸入資料）會通過分類器模型，然後分類器模型確定電子郵件是不是垃圾郵件，非垃圾郵件在此用來指代好的、非垃圾郵件的電子郵件。垃圾郵件被送到垃圾郵件資料夾，非垃圾郵件被送到收件箱。

假設加入第三類並標記為「不確定」。現在的分類器可以把電子郵件輸入指派到三個可能的類別：垃圾郵件、非垃圾郵件和不確定。這是多重分類的一個例子，因為有兩個以上可能的類別。在這種情況下，電子郵件客戶端可以有一個「可能是垃圾郵件」文件夾，供使用者查看和驗證每封電子郵件，從而教授分類器如何更好地區分垃圾郵件和非垃圾郵件。

當一個輸入要被指派到三個或更多的類別時，演算法可將其指派到單一個類別，也可依類別的機率來指派。在後一種情況下，輸入會被分到最高機率的類別中，或以你指定的機率來分類。在此例子中，假設新收到的電子郵件被判定為垃圾郵件的可能性為 85%，非垃圾郵件的可能性為 10%，不確定的可能性為 5%。你可以說電子郵件就是垃圾郵件，因為機率最高，或者以另一種方式使用不同的機率。

最後，某些演算法可以分配多個標記給一個輸入。一個與影像識別相關的例子，是將一個紅蘋果的影像作為輸入資料，這個影像被分配了多個類別，例如紅色、蘋果和水果。在此例子中，將三個類別分配給影像是合適的。

此應用包括信用風險和貸款核准（*http://bit.ly/30BRI68*）和客戶流失（*https://amzn.to/2WYyNQv*）。分類可以與本章後面討論的識別應用結合。

個人化和推薦系統

推薦系統是個人化的一種形式，它使用現有資訊提出與個別使用者相關的建議和結果。例如，你可以使用它來增加客戶轉化和銷售、愉悅和保留。事實上，Amazon 加上這些引擎後的收入增加了 35%，而觀看 Netflix 內容的 75% 是由它的推薦產生的（*http://bit.ly/2CjeoM5*）。

推薦系統是一種特定類型的資訊過濾系統。你也可以使用搜尋、排名和評分技術進行個人化，我們將在本章後面討論。推薦系統之所以能進行推薦，是從一些項目（例如產品、文章、音樂、電影）或使用者資料等輸入，再把資料通過推薦模型或引擎，如圖 5-3 所示。

圖 5-3　推薦系統

值得一提的是與推薦系統相關的「冷啟動問題」。冷啟動問題是指智慧應用還沒有足夠的資訊，來向特定使用者或群組提出高度個人化和

相關推薦的情況。像是還未產生有關使用者偏好、興趣或購買歷史的資訊。另一個例子是首次向大眾推出的物品（例如，衣服、產品、影片、歌曲）時。你可以使用多種技術來幫忙解決此問題，但由於篇幅限制，我們不會在這裡討論這些技術。

推薦系統的應用包括為產品、電影、音樂和播放清單（*http://bit.ly/2VN5AH6*）、書籍和電視節目（例如 Amazon、Netflix、Spotify）產生推薦。除了推薦之外，個人化內容還可以包含新聞、摘要、電子郵件和目標式廣告（例如 Twitter）。其他例子包括個人化醫藥和醫療計劃（*http://bit.ly/2X0eRN6*）、個人化影像和縮圖（例如 YouTube（*http://bit.ly/2YJ6TbU*））、Netflix（*http://bit.ly/2EkPQ8f*）、Yelp（*http://bit.ly/2wgh5fy*）、葡萄酒推薦（*https://cnb.cx/2HJmRf1*）、外套完美搭配等個人化購物（*https://www.thenorthface.com/xps*）、時尚搭配（例如，StitchFix（*http://bit.ly/2Ep11ws*）和自動完全治裝推薦（*https://www.findmine.com*））。

電腦視覺

電腦視覺是一個廣泛的領域，當它涉及影像和影片等視覺資訊時，包含了模式識別（另一種方法在下一節討論）。電腦視覺表示一個過程，從獲取輸入（例如照片影像、影片靜止影像和一序列影像（影片）），到資料通過模型，並產生輸出，如圖 5-4 所示。

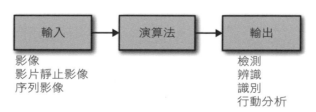

圖 5-4 電腦視覺

輸出可以是特定對象、特徵或活動的識別、檢測和辨別。視覺相關的應用，意味著一定程度的自動化，特別是自動化視覺時，通常需要人工參與應用（例如，檢查）。機器視覺是一個術語，用於描述類似且很大程度相同於產業應用中所使用的技術，例如檢查、過程控制、測量和機器人。

電腦視覺有許多非常有趣和強大的應用，而使用案例正在迅速增長。例如，我們可以將電腦視覺用於：

- 影片分析和內容篩選（*http://bit.ly/2ErGuHJ*）
- 讀唇（*http://bit.ly/2JAY1kP*）
- 為自動駕駛汽車（例如汽車、無人機）提供「視野」
- 影片識別和描述（*http://bit.ly/2WZ9xJX*）
- 影片字幕（*http://bit.ly/2LZrKGe*）
- 人類互動預測（*http://bit.ly/2WqBFZG*），例如擁抱和握手
- 機器人和控制系統（*https://www.bostondynamics.com*）
- 人群密度估計（*http://bit.ly/2Hu6hRs*）
- 人數計算（*http://bit.ly/2VKhstc*）（例如，排隊（*http://bit.ly/2WVedAI*）、基礎設施規劃、零售）
- 檢驗和品質控制（*http://bit.ly/2QiKIGh*）
- 零售客戶足跡路徑和參與分析（*http://bit.ly/2WjiSze*）

無人航空載具（UAV）是通常被稱為無人機的交通工具。通過應用電腦視覺，無人機能夠執行檢查（例如，油管、行動通信基地台）、探索區域和建築物、幫助完成測繪任務，以及交付購買的貨物（*https://amzn.to/2wgiRNK*）。電腦視覺也正廣泛用於公共安全、保安和監視。當然，要注意應用要符合道德並造福於人們。

關於電腦視覺需要注意的最後一件事。人類能夠通過視覺、嗅覺、聽覺、觸覺和味覺這五感，來感知周圍的環境和世界。資訊被感知器官所「感知」，然後傳遞到我們的神經系統以翻譯資訊，並決定應該發生什麼動作或反應（如果有的話）。電腦視覺就類似於讓 AI 應用有視覺。

模式識別

模式識別就是拿到非結構化輸入資料，將資料傳遞給模型，並檢測特定模式的存在（檢測）、將已識別模式分配到一個類別（分類）、或實際辨別已識別模式的主題（識別），如圖 5-5 所示。

這些應用中的輸入可以是影像（包括影片：一系列的靜止影像）、聲頻（例如，語音、音樂、聲音）和文字。文字可以是數位的、手寫的或印刷的（例如，紙、支票、車牌）。

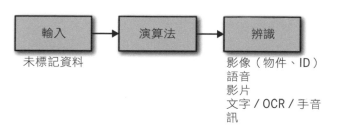

圖 5-5　模式識別

輸入若為影像，目標可能是物件檢測、辨識、識別或三者兼有。一個很好的例子是臉部辨識。訓練模型以檢測人臉為影像，並將檢測到的物件分類為人臉，是物件辨識的一個例子，其中的物件是未識別的人臉。「檢測」是一個術語，用於表示檢測到與背景不同的東西。它也可以包括物件位置測量和透過定界框，框出檢測出的物件。辨識是把檢測到的物件，實際指派一個類別或標記（本例中為人臉）的過程；識別則更進一步，為檢測到的人臉（例如 Alex 的臉）指派身份。圖 5-6 展示了一些影像辨識的例子。

圖 5-6　影像辨識與檢測

諸如臉部辨識之類的生物特徵識別，可用於自動標記影像中的人。用指紋識別特定人物，是另一種形式的生物特徵識別（*http://bit.ly/2YHta9W*）。

其他應用包括：

- 從影像和影片中讀取文字（*http://bit.ly/2wfHPNi*）

- 影像標記和分類（*http://bit.ly/2HLprBu*）

- 汽車保險的汽車損壞等級影像評估（*https://cnb.cx/2VKFapc*）

- 從影像和影片中萃取資訊（*http://bit.ly/2Es10rF*）

- 臉部和語音的情緒識別（*http://bit.ly/2JBiw11*）

- 臉部表情識別（*https://thght.works/2X7dyfH*）

聲頻識別應用包括：

- 語音識別（*http://bit.ly/2I33b43*）

- 將語音轉為文字（*http://bit.ly/2Wi8tUl*）

- 人聲分離和識別（*https://zd.net/2M2uzGH*）

- 來自語音的情感分析、即時客戶服務和銷售電話情商分析
  （*http://bit.ly/2X8HLus*）

- 伐木和砍伐森林聲音檢測（*http://bit.ly/2wkqq61*）

- 缺陷檢測（例如，由於製造缺陷或零件故障）

最後，手寫或印刷文字可以用光學字元識別（OCR）和手寫識別過程，轉換為數位文字。文字也可以轉換為語音，但這被認為更像是一種生成應用，而不是識別應用。我們將在本章後面討論生成應用。

分群和異常檢測

分群和異常檢測，如圖 5-7 所示，是兩種最常見的非監督式機器學習技術。它們也被認為是模式識別技術。

這兩者的過程都是拿到未標記輸入資料，通過適當的演算法（分群或異常檢測），然後產生群組（分群），或確定某事物是否異常（異常檢測）。讓我們先討論分群。

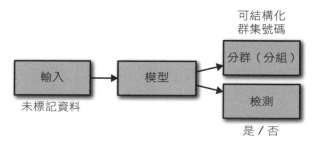

圖 5-7　分群和異常檢測（不同模型）

分群將未標記資料轉換為相似資料的分組。群組的數量由執行分群任務的人（通常是資料科學家）決定。集群的數量並沒有真的對或錯，但通常選擇的數字是通過反複試錯，並且／或者是特定應用的理想數字。

由於資料未標記，因此實作者必須為它的每個群組指派某種最能描述它的含義或標籤（例如，運動愛好者）。然後，該模型可用於將新資料指派到其中一個群組，從而假定該群組的標籤或描述。這可以被認為是一種預測分類的形式；也就是說，對一個新資料點指派一個類別（通過一個標記群組）。將新資料點（例如客戶）指派到分群（也稱為分組），提供了一種更好的方式來定目標、個人化和策略性定位產品，並以適當方式向各群體銷售。

分群應用包括市場／客戶區隔和定位（*http://bit.ly/2JAyNmE*）、3D醫學影像分割（*http://bit.ly/ 2HMohFJ*）、購物產品分組（*http://bit.ly/ 2VHm2IL*）和社群網路分析。[1]

異常檢測是一種用於檢測異常資料模式的技術；即找出非常不尋常、超出規範或反常的狀況。異常檢測應用有：聲頻的缺陷和裂縫檢測（*http://bit.ly/30F3cpd*）、網路安全、網路安全、品質控制（例如，製造缺陷檢測）以及電腦和網路系統健康（例如，NASA（*https ://go.nasa.gov/2Q gIwiv*）、故障和錯誤檢測（*http://bit.ly/2M33GCi*））。

對於網路安全中的異常檢測應用，常見威脅有：惡意軟體、勒索軟體、電腦病毒、系統和記憶體攻擊、阻斷服務（DoS）攻擊、網路釣魚、非預期程式的執行、憑證盜竊、資料傳輸和盜竊等。異常檢測的使用案例非常多。

1　Hu, H. (2015). Graph-Based Models for Unsupervised High Dimensional Data Clustering and Network Analysis. UCLA. ProQuest ID: Hu_ucla_0031D_13496. Merritt ID: ark:/13030/m50z9b68. Retrieved from eScholarship（*http://bit.ly/2Wimlhl*）

自然語言

自然語言是 AI 開發和使用的一個非常有趣和令人興奮的領域。它通常分為三個子類別：自然語言處理（NLP）、自然語言生成（NLG）和自然語言理解（NLU）。讓我們分別介紹它們。

NLP

NLP 是拿到文字、語音或手寫形式的語言輸入，通過 NLP 演算法，然後產生結構化資料作為輸出的過程，如圖 5-8 所示。有許多潛在的 NLP 使用案例和輸出。

　語言　　　　　NLP 演算法　　　　　輸出

文字　　　　　　　　　　　　　　　結構化資料
語音到文字
手寫到文字

圖 5-8　自然語言處理

值得一提的是，NLP 有時被認為是 NLG 和 NLU 的超集合，因此 AI 中的自然語言應用通常會被認為是 NLP 的一種形式。有些人則認為它是 ·組特定的自然語言應用，同我們現在所討論的。

與 NLP 相關的特定任務和技術有：量化和客觀的文字分析、語音識別（語音到文字）、主題建模（例如，主題和在文件中發現的重點）、文字分類（例如，權力遊戲）、情感分析（例如，正面、負面、中性）、實體檢測（例如，人、地點）、命名識別（例如，大峽谷、Miles Davis）、語義相似度（例如，單字和文本之間含義的相似度），詞性標記（例如，名詞、動詞）和機器翻譯（例如，英語 - 法語的翻譯）。

一個特殊的 NLP 應用為：紀錄商務會議、轉錄它們，然後提供會議摘要（*https://reason8.ai*），其中包含討論的主題和會議成效（*https://*

www.chorus.ai）的分析。另一個應用（*https://textio.co*）使用了 NLP
來分析工作描述,並根據性別中立、語氣、措辭、用字等因素評分。
它也為如何提高分數和整體工作描述的更改提供建議。

其他應用有:

- 基於情感的新聞集合（*http://bit.ly/2Qf8p2q*）

- 社群媒體情感驅動投資（*http://bit.ly/30E8hOv*）和品牌監控
  （*http://bit.ly/2M35gEe*）

- 父母疫苗問題留言板（*http://bit.ly/2YGi1Gn*）

- 電影評論（*http://bit.ly/2M5BxuB*）和產品評論（*http://bit.
  ly/2WfiQIN*）的情感分析

- 動物聲音翻譯（*http://bit.ly/2JZGIJU*）

許多雲端服務供應商現在提供的 NLP 服務和 API 包含其中的一些
功能。

NLG

NLG 是將結構化資料形式的語言作為輸入,通過 NLG 演算法,然
後生成語言作為輸出的過程,如圖 5-9 所示。例如,語言輸出可以是
文字或文字到語音的形式。結構化輸入資料的例子有:遊戲的統計資
料、廣告績效資料或公司財務資料等。

圖 5-9　NLG

應用包含：

- 用句子和文件自動生成文字摘要（*http://bit.ly/30F6JUO*）
  （*https://arxiv.org/abs/1602.06023, https://arxiv.org/abs/1603.07252*）

- 回顧（例如，新聞和體育）

- 有關影像的故事（*http://bit.ly/30C2lpf*）

- 商業智慧敘事（*http://bit.ly/2JVWQvW*）

- 為醫院研究招募人員（*http://bit.ly/2Y4LLgg*）

- 自然語言型式的患者醫院帳單（*http://bit.ly/2QjBvNZ*）

- 夢幻足球遊戲摘要和每週比賽回顧（*http://bit.ly/2WLzNeV*）

- 房地產物件描述和房地產市場報告（*http://bit.ly/2WLzNeV*）

- 美聯社公司獲益故事（*http://bit.ly/31I6WqP*）

Andrej Karpathy（*http://bit.ly/2WPniKm*）創建了模型，可以自動生成維基百科文章、嬰兒名字、數學論文、電腦程式碼和莎士比亞。其他應用包括產生手寫文字（*http://bit.ly/2WL2kMN*）甚至是笑話（*https://arxiv.org/pdf/1703.09902.pdf*）。

NLU

最後，NLU 是拿到語言輸入（文字、語音或手寫），通過 NLU 演算法，然後生成對語言的「理解」作為輸出的過程，如圖 5-10 所示。產生的理解可用於採取行動、生成回應、回答問題、進行對話等。

圖 5-10　NLU

需要注意的是，理解這個詞可以是非常深刻和哲學的，並且還涉及理解力等概念。理解力指的是一種能力，不僅理解資訊（僅死記硬背的相反），而且還將這種理解融入現有知識，並將其用作一個人不斷增長的知識庫的一部分。缺乏類人語言的理解和理解力，是當今自然語言 AI 應用的主要缺點之一，而這一缺點源於機器實現類人語言理解的異常困難。還記得我們對 AI-complete/AI-hard 問題的討論嗎？這絕對是一個例子。

在不進行全面哲學討論的情況下，讓我們用「理解」來表示演算法（同樣，簡化來解釋）能夠對輸入語言做更多的事情，而不僅僅是解析它並執行文字分析等這樣簡單的任務。NLU 是一個比 NLP 和 NLG（以及一般的 AI 問題）更難解決的問題，並且是實現人工通用智慧（AGI）的主要基礎組成。

鑑於當前 NLU 的最新技術，應用有：個人和虛擬助理（*http://bit. ly/2Ro08cN*）、聊天機器人（*http://bit.ly/2x4aSnm*）、客戶成功（支持和服務）代理（*https://www.answeriq.com*）和銷售代理等。這些應用通常包括某種形式的書面或口頭對話，通常以資訊收集（*http://bit.ly/31DMoiX*）、問題回答（*https://arxiv.org/abs/1412.1632*）或某種幫助為主。

具體例子包括 Amazon Alexa、Apple Siri、Google Assistant 和 Nuance Nina（*http://bit.ly/2WVaGGJ*）等個人助理。聊天機器人例子包括，石油和潤滑油專家（*http://bit.ly/2KWppKb*）、工作面試（*https:// www.apli.jobs/*）、學生貸款資金指導（*https://www.nextgenvest.com*）和商業保險專家代理（*http://bit.ly/2J2ak7p*）。這是 AI 領域一個非常活躍的研究領域和潛在發展，因此絕對值得關注。

時間序列和序列資料

在許多情況下，資料是按序列獲得的，其中的資料排序很重要且由特定索引決定。其中一個最常見的資料序列索引是時間，而按時間排序

的資料稱為時間序列資料。開市時段的每日股價波動、DNA 序列、物聯網感測器資料和風模式等科學現象,都是時間序列資料的好例子。時間序列分析和建模可用於學習、預測和預報與時間相關的,包括由趨勢、季節性、週期和雜訊引起的。

字母和單字的序列,對於某些應用來說也是有效的序列資料類型,並且這些序列被賦予標籤,例如 n-gram、skipgrams、句子、段落,甚至是語言本身,其中語言可以是口語、書面或數位表示的。聲頻和影片資料也是序列的。應用包括:

- 預測(迴歸和分類)

- 異常檢測(*http://bit.ly/2WNz8Vh*)

- 預測未來貨幣匯率(*http://bit.ly/2Ilikku*)

- 即時健康趨勢追蹤(*http://bit.ly/31DKRcN*)

- 市場預測(*https://ubr.to/2ITkION*)

- 天氣預報(*http://bit.ly/2KV0EOt*)

- 基於序列的推薦(*http://bit.ly/31FOZsT*)

- 情感分析(*https://arxiv.org/pdf/1801.07883.pdf*)

- DNA 序列分類(*http://bit.ly/2WUGw6s*)

- 文字序列產生(*https://stanford.io/2WPh5Tt*)

- 序列到序列預測(*http://bit.ly/2RmWobJ*),例如機器翻譯(*http://bit.ly/2XUGQOH*)

搜尋、資訊萃取、排名和評分

許多強大的 AI 應用都以查找、萃取和排名(或評分)資訊為主。這主要適用於非結構化和半結構化資料,像是文字文件、網頁、影像和影片等。在某些情況下,我們可以使用這類的資料以及結構化資料來

進行資訊萃取、提供搜尋結果或排序,以及根據相關性、重要性或優先順序對項目進行排名或評分。在許多情況下,這類技術與個人化有關,因為搜尋結果和其他項目,可以按照與特定使用者或群組相關性的高低,來進行排序或排名。

目前,許多搜尋任務是用 Google 等搜尋引擎中打字或說話來執行的,該引擎由 Google 專有的 AI 搜尋演算法支持。電子商務應用也有自己的搜尋引擎來搜尋產品。搜尋可以由文字、聲音(語音)和視覺輸入來驅動。文字的搜尋應用包括 Google Search、Microsoft Bing 以及分散、透明和社群驅動的搜尋(*https://www.presearch.io*)。

聲音和影像的搜尋應用包括:

- 服裝(*https://markable.ai*)和時尚搜尋(*https://www.syte.ai/retailers*)

- 歌曲和藝術家搜尋(*http://bit.ly/2RhGRd2*)

- Pinterest Lens 搜尋(*http://bit.ly/2Zt8WRB*)

- 圖片和影片搜尋(*http://bit.ly/2XT1IpR*)

- 字型搜尋(*http://bit.ly/2WPhjKj*)

視覺搜尋是根據影像的內容來進行。已經有一些購物應用以這種方式運作。使用者拍攝一張照片並將其上傳給視覺搜尋引擎。然後使用該影像來產生相關結果,例如服裝。其中一些影像的引擎也可以呈現視覺上相似的項目和推薦。

排名和評分方法是分類技術的替代,其應用包括:

- 銷售(*http://bit.ly/2MOEUGn*)領先(*http://bit.ly/31B1CVY*)評分

- 資訊和文件檢索(*https://arxiv.org/pdf/1710.05649.pdf*)(例如網頁搜尋)

- 機器翻譯（*http://bit.ly/2KX5aMi*）

- 致病基因搜尋和鑑定（*http://bit.ly/2ZqcFiO*）

- 蛋白質序列結構預測（*http://bit.ly/2KX5aMi*）

強化學習

強化學習（RL）是一種與迄今為止描述的完全不同的 AI 技術（回想一下，我們在討論人類學習方式時曾簡要提到過它）。總體概念是，有一個虛擬代理在虛擬環境中採取行動，其目標是獲得正向回報。每個動作都可能導致環境狀態發生變化，而採取的每個動作都由稱為**方針**的模型來決定。該方針試圖決定在特定狀態下要採取的最佳行動。請不要想說這沒有多大意義；我舉一個例子，希望能更清楚地說明這一點。圖 5-11 顯示了 RL 的視覺化表示。

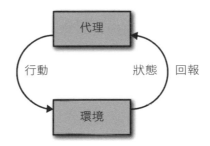

圖 5-11　強化學習

你可以想想「小精靈小姐（Ms. Pac-Man）」電玩的例子。在任何特定的關卡上，小精靈小姐的目標都是吃掉所有的豆子，但從更大的角度來看，她的目標是盡可能多地得分。為什麼獲得最多積分是目標，或者為什麼要玩這遊戲？首先，你獲得的積分越多，你獲得的免費生命就越多，因此你可以玩的時間越長，並繼續累積更多積分。其次，如果你能完成比賽或創造世界紀錄，你就會得到炫耀的本錢，誰不想要呢？

在這種情況下，積分是獎勵，小精靈小姐是代理，環境是關卡，迴圈中的人（玩家）是方針，決定用搖桿採取的行動。環境也有其狀態。有普通的小精靈小姐，必須躲避追著她吃豆子和水果的鬼魂，還有吃了無敵藥丸的無敵小精靈小姐（我不知道它確切叫什麼）可以吃鬼多加分。無敵和不無敵之間的變化是環境狀態的變化，也是環境中代理能力的變化。

值得注意的是，玩小精靈小姐的人有時會受到完成關卡和盡可能走遠的目標驅動，而不是最大化積分。那樣的話，該玩家會用無敵狀態加快並不受阻礙的吃掉盡可能多的豆子，而吃鬼魂未必能最大化積分。不過，假設你有一個目標是最大化積分的 RL 應用。在這種情況下，該應用將嘗試學習如何做到這一點，並將盡可能吃鬼魂和水果。

這裡還有一件事要提。得分是一種正向的獎勵，觸到鬼而失去一條命是一種負向的回報。隨著時間，RL 應用應會嘗試最大化積分並最小化生命損失，雖然此例子是在遊戲背景下建構的，但我們可以使用 RL 在許多地方。

應用包括：

- 擊敗世界圍棋冠軍（*http://bit.ly/2FgrME0*）

- 尋找神經網路的最佳配置（*http://bit.ly/2FnMDFd*）

- 機器人（*http://bit.ly/2WWyIBb*）

- 最佳化藥物劑量（*http://bit.ly/2RjLdk7*）

- 交通信號控制最佳化（*http://bit.ly/2x3bcmA*）

- 化學反應最佳化（*http://bit.ly/31FY84A*）

- 自動駕駛（*http://bit.ly/2Zxr25a*）

混合、自動化和雜項

在現實應用的最後一節中，我指出了一些我歸類為混合或雜項的應用，因為它們包含多種組合方法，或者不適合歸類在之前討論過的任何類別。

應用的例子包括：

- 自主自動駕駛汽車和車隊（*https://www.nutonomy.com*）和自動駕駛接駁車（*http://bit.ly/2KnkFO6*）

- 即時航線預測和空中交通流量最佳化（*http://bit.ly/2IoIGSY*）

- 無人駕駛賽車（*https://roborace.com*）

- 倉庫物流和揀貨自動化（*http://bit.ly/2MWHHgQ*）

- 狗（*http://bit.ly/31OzcIi*）和類人機器人（*http://bit.ly/2KnZJqq*）

- 像人類一樣靈巧的機器手（*http://bit.ly/2WMajJh*）

- 監控珊瑚礁的水母機器人（*https://bbc.in/2XT64xd*）

- 醫院患者照護工作流程自動化（*http://bit.ly/2Xmu0Mf*）

- 疾病爆發預測（*http://aime.life*）

- 減少冷卻帳單費用（*http://bit.ly/2Zrz8w3*）

- 空間天氣預報（*https://www.swpc.noaa.gov*）

- 會議排程自動化（*https://x.ai*）

- 預測性維護（*http://bit.ly/2ZtJAmG*）

- 智慧系統，例如與物聯網相關的系統

AI 發展的另一個真正有趣的領域是生成式應用，它基本上是 AI 能夠從既定應用的特定類型的輸入中生成某些東西。一些例子包括：

- 從文字生成影像（*http://bit.ly/2FeXscQ*）

- 生成影像和影像區域描述（*http://bit.ly/2XkaPTl*）

- 生成星系和火山的影像（*https://go.nature.com/2XVfXdu*）

- 從草圖生成影像（*http://www.k4ai.com/cgan*）

- 從歌曲特徵生成音樂（*https://www.jukedeck.com*）

- 多樣化的語音（*http://bit.ly/2IUpifk*）和語音生成（*http://bit.ly/2XWAjDo*）

- 合成歌聲（*http://bit.ly/2L4LdDB*）

- 從設計模型生成軟體程式碼（*http://bit.ly/2XVg6h2*）

- 從文字生成影片（*https://www.wibbitz.com*）

其他應用包括風格轉換等轉變（例如，將普通影像轉為梵古或畢卡索風格的「美術」詮釋（*https://deepart.io*））。另一種技術稱為超解析度成像（*http://bit.ly/2WP86So*），藉由生成缺失的 3D 影像資料（*http://bit.ly/2KlWJuv*）將 2D 影像轉為 3D 影像。最後，影像的自動著色（*http://bit.ly/2MRa543*）是另一個有趣的 AI 應用。

結論

希望本章有助於回答問題，或者至少讓你了解如何利用不同的 AI 方法，來解決問題和實現目標。正如我們所討論的，技術非常的多。關鍵是要在適當程度上了解可用選項，然後選擇高價值使用案例和應用並確定其優先排序，作為你整體 AI 願景和策略的一部分。這是 AIPB 的重要組成，我們現在將注意力轉向發展出一個 AI 願景。

制定 AI 願景

到目前為止，我們介紹了 AIPB，以及它如何指引大家用 AI 來進行端到端、目標驅動的創新和價值的創造。也說明了創造整體 AI 願景與策略所需的 AI 以及機器學習背景知識。

接下來我們要來討論制定 AI 願景。一個基於 AI 的商業、產品、或服務的卓越願景，將有助於產生一個 AI 成功的卓越策略。本書的重要主題之一，是 AI 願景要能跟人和企業的目標一致。這是為了確保成功能最大化且能長久持續。願景應同第一部分所提的願景聲明 ·樣具體。

為了幫助你制定 AI 願景，第二部分先討論**為什麼**要追求 AI，然後再討論如何為企業、客戶和使用者等不同利害關係者，定義出與 AI 願景一致的目標。最後我們會討論人們需要什麼、想要什麼，以及如何將其轉成好的 AI 產品和更好的人類體驗。

Chapter 6

「為什麼」的重要性

為什麼 AI 對人和企業都很有價值？為什麼 AI 可以改善人類體驗和企業成功？為什麼追求 AI 要慎重？為什麼有些 AI 提案會成功而有些會失敗？最後，為什麼我們需要一個新框架來幫助規畫和最大化 AI 提案的成功。

這一切都從**為什麼**開始。本章聚焦於定義**為什麼** AI 願景和策略很重要，以及運用這個「為什麼」和卓越領導力，與關鍵利害關係者一起形塑共同願景和理解的能力。

從「為什麼」開始

在關注**如何**做以及要做些**什麼**之前，先理解並能夠解釋**為什麼**非常重要。Simon Sinek 的名著《**先問，為什麼**》[1]，和他在 TED 演講的「How Great Leaders Inspire Action」（*http://bit.ly/2Qi7DSg*）是我認為對此最好的說明。

他認為每個企業都知道要做「什麼」，有時也知道「如何」做，但很少有企業和人們知道「為什麼」要做這些事。這是一個深刻的概念，正如 Sinek 先生所說，**為什麼**不是一個像增加收入那樣的成果或結果

1　Sinek, Simon。《Start with Why: How Great Leaders Inspire Everyone to Take Action.》，New York: Portfolio/Penguin，2009 年。

（這更像是一個目的或目標）。「為什麼」是一個信念、宏大的願景、真正的意義。

想想看。即使有很多人參與，也可能需要很長時間，才能生出公司的願景、使命和價值主張。我已經與多個公司（包含我自己的！）一起經歷了多次制定這些的過程，但每次我都覺得很驚奇，在能夠得到一個簡單又有效能闡述真正的**為什麼**之前，需要這麼複雜、這麼大量的文字、意見、和來回對話。馬克·吐溫有一句相當中肯的話（*http:// bit.ly/2Eta93e*），「如果我有更多時間，我會寫一封更簡短的信給你。」

Sinek 認為，傑出的領導者和企業之所以傑出，是因為他們由內而外的思考、行動和溝通；或者換句話說，他們從**為什麼**開始。他接著說，人們不會對你做了什麼而買單，他們會對你為什麼這樣做買單。這完全是因為人們理解並且購買你所深信的東西，而不是你做出來的東西。但倡導採用這種思維並由此概念驅動，比實際下去做容易多了。

有些人用「目標驅動」、「成果驅動」或「利益驅動」等用語來指代「為什麼」。雖然上述用語都非常好，但我認為只有從**為什麼**來開始才是較好的。我已經將這個概念擴展到每天我所做的一切，我試著從「為什麼」開始與同事、員工、家人和朋友交談。只要練習得夠多，就會習慣成自然，而且人們的反應、明顯興趣和理解將顯而易見。這非常值得。

所以為什麼在 AI 的情境裡，從**為什麼**開始很重要，以及我們如何使用這個概念來改善人類體驗和企業成功？這是因為當妥善地定義和理解後，**為什麼**會成為一切事情的「北極星」或指路明燈。它可以幫助那些創建 AI 願景和策略的人更好且更容易說明 AI 提案的潛在價值和成果。這能激發、激勵和鼓舞每一個參與其中的人。

產品領導者和觀點

由於曾擔任進階分析（AI、機器學習、資料科學）和產品管理的高階領導者，我看事情總是會以能做出傑出產品的角度看。為了能夠做出好產品，產品領導者必須了解（僅為部分）：

- 是什麼讓產品傑出

- 是什麼構成了傑出的產品設計和使用者體驗（UX）

- 如何最好地善用科技解決人們的問題

- 如何創建產品願景與策略

- 如何執行產品策略，來建構並交付傑出的產品

- 如何與所有利害相關者（包含產品開發團隊）溝通產品的願景

- 如何決定產品的投資報酬率

- 如何恰當地評估市場與競爭

- 如何衡量產品是否成功

在本書的其餘部分，我將以打造傑出產品的視角，討論 AI 創新與制定 AI 願景和策略。「Jobs to Be Done」這個創新框架提出了一個有趣的觀點，即人們「僱用」企業、產品和服務來完成某個「工作」；或者換句話說，來完成某事。同樣地，我們也可以僱用 AI 來完成工作。

領導者與產生共同願景與理解

我們已經知道**為什麼**是個關鍵，但接下來要做什麼呢？你要如何使用它，它要用來做什麼，及你如何將「為什麼」轉為成功的業務、產品或人類體驗？

對我來說，它始於**產生共同願景與理解**。我經常使用這個句話，而且這種能力非常重要。共同願景和理解聽起來簡單，但對我來說卻是一個非常深刻的概念。讓我們討論「為什麼」，並為本書的其餘部分構築一些相關的背景知識。

可以分成兩個不同的部分：共同願景和共同理解。對我來說，一個共同的願景是讓所有利害關係者完全理解**為什麼**提出和建構某個解決方案以及解決方案究竟是什麼。這包含概述所有預期的好處和成果。

共同理解則對於設定適當期望來說非常重要，而且每個人都可以完全理解以下：

- 排序後的產品路線圖長怎樣

- 為什麼路線圖會以特定方式排序

- 解決方案會如何被定義與建置

- 各個時間段的開發進度（包含潛在阻礙與風險）

- 重要里程碑和交付成果的時間點和狀況

當利害關係者沒有共同的願景和理解時，就會產生問題、未滿足的期望、不一致和失敗。當目標使用者或客戶無法正確理解這些時，情況也是如此；其中最重要的是，目的、好處以及如何使用解決方案。

對我來說，此時一個非常重要的概念是共識 vs. 協作。引用 Seth Godin 的話說：「當每個人都必須同意時，什麼都不會發生。」（*http://bit.ly/2X2n9nE*）這是一句我完全認同的名言。我非常喜歡協作：一群對的人一起為共同的目標而努力，同時又欲求、傾聽和考量協作者的回饋。

但協作與共識不同。在許多情況下，我看到共識嚴重地偏離或成功地摧毀了提案和產品。這是因為不可能每個人都對所有事情的想法達成一致，而大多數利害關係者通常會以不同的動機和規畫來進行提案和產品。典型達成共識的結果是：什麼也沒做，或是最終成果與最佳或最初的預期相去甚遠。原本應該是適當地執行協作，但最後通常變成是妥協。

結論

總而言之，創造成功 AI 願景並成功實現它的藝術，來自於「為什麼」、領導力、所有利害關係者之間的共同願景和理解，以及協作而非共識。這是我歸納許多成功案例後得出的方程式。

要完成上述這些，說起來容易做起來難，而且很難教。它更像是一門基於情商、軟技能和領導力的藝術，而不是一套嚴謹的規則。這裡最重要的技能是有遠見和策略性思考、從「為什麼」開始的思考、有效的溝通和傾聽、情商、同理心、期望設定和管理，以及一般的領導技能，如培養激情、動機和意義。

現在我們了解了「為什麼」的重要性，讓我們接下來看這些與人和企業的具體目標有何關係，以及，AI 如何幫助實現它們。

Chapter 7

為人與企業定義目標

如前所述，**為什麼**是 AI 願景的驅動力和「北極星」，用 AIPB 的模型來看，它是為了更好的人類體驗與企業成功。我們還可以更詳細地說明**為什麼**，並且將其稱為目標。所有的提案都應該符合一個或多個目標。本章概述了不同 AI 解決方案的利害關係者類型以及與各類型相關的潛在目標。這些目標明確指出了為什麼 AI 可以同時對人和企業有益。

定義利害關係者及說明其目標

AI 是一種通過機器展現智慧進而創造價值的技術。我們可以將創造出的價值視為利益或目標。人和企業進行 AI 提案的目標，依利害關係者是誰而有不同；換言之，人要獲得的利益，就是預期目標要能產生的。

AI 應用有三種潛在的利害關係者，一個解決方案有時會涵蓋這三者。他們分別是企業利害關係者（例如經營者、董事會成員、股東）、客戶和使用者。接下來，我們會檢視三種利害關係者的特性和其差異；在本書其他部分，我會將企業利害關係者，簡稱為「企業」。

要同時包含三種利害關係者的一個產品案例，是販售廣告的社群媒體平台，如 Twitter（推特）。在此案例，企業有其目標產品案例，客戶（廣告商）有其目標，而使用者也有其目標。讓我們以 Twitter 為例說明。

如大家所知，Twitter 是一家社群媒體科技公司，它創建了一個平台，讓人們讀和寫**推文**。每個推文可能包含文字、URL 和主題標籤。它的利害關係者包含 Twitter（企業）、廣告商（客戶）和 Twitter 平台的使用者。每個的目標皆不同。

對於大多數上市公司而言，主要目標是持續提高盈利能力和增加收益。社會責任和穩定也是上市公司的共同目標。實際上，公司通常有一堆的目標（也稱為目的），包含主要的或次要的，以及衡量它們的關鍵續效指標（KPI）。這些目標通常會隨著時間而改變或重新排列優先順序。

如果目標是營收成長，那麼最常見的方法是客戶獲取、保留和增加。如果目標是增加利潤，顯然增加營收應該會有所幫助，但這也可以通過降低成本來達成。降低成本的方式有很多，像是自動化、提高效率和消除沉沒成本。

對於增加營收與競爭優勢來說，一個經常被忽略又關鍵的方法是去創造好產品，其設計出色又能提供最佳使用者體驗。大多數人不再使用某個產品，是因為它低效、不直覺或經常功能失效。「產品」這個詞也包含服務，因此使用者體驗對於提供服務的公司來說也是同樣重要。此外，如果某產品具有較好的使用者體驗且與競爭者相比更令人愉悅，那麼大多數人寧願使用這個功能較少的產品。最終，UX 和愉悅是獲得客戶保留和成長的關鍵要素。我們將在第 8 章中進一步討論此主題。

值得注意的是，ISO 9241-11 標準（*https://www.iso.org/obp/ui*）將可用性（usability）定義為在特定使用情境下，特定使用者可以有效率、有效地和滿意地，實現特定目標的程度。這個定義引導我們到「粘著度（stickiness）」的概念。我們可以用多種方式定義粘著度。一般而言，我們可以將其視為衡量使用者保留率和參與度的指標。如果使用者不僅持續使用它們，而且大量使用它們，並用它們代替替代

品和競爭者,那麼這個產品和服務就是有粘著度的。Twitter 已經在該類應用上達成了這個目標。

讓我們回到「增加利潤」和「營收成長」這兩個企業目標的討論。如本書前面討論過的,有一種稱為「五個為什麼」(*http://bit.ly/2VVmGY2*)的技巧。這是由豐田汽車公司的 Sakichi Toyoda 所發展出來的方法。其基本概念是一件事情通常有各種深度的解釋,原本這個方法是用來發掘問題的根本原因。使用這個技巧的人,會問「為什麼」這個問題會發生,接著從得出的回答再問「為什麼」,這過程持續五次或更多次(雖然五次往往就已經足夠),直到發現根本原因。

把這個技巧用在 Twitter 的目標[1]上的話,會問「為什麼 Twitter 想要增加營收和利潤?」。Twitter 的高階經理人可能會回答「增加營收與利潤可以讓公司聘僱更多與更好的人才,抑或是讓股東或客戶開心。」接著,我們可能會問「為什麼 Twitter 想要聘僱更好的人才?」可以繼續問下去,變成像是無底洞。鑑於此,需要一些主觀的判斷來選擇適當層級的目標,而實際上,AI 提案通常也需要定義出特定應用的目標,要比增加營收這類目標更細。商務人員、領域專家和 AI 實作者必須互相協作,去定義更細、專屬於該應用的目標。

在這些例子中,我們已經建立了企業目標,那麼客戶的目標是什麼呢?在我們的例子中,客戶就是廣告商(注意有時使用者和客戶是相同的),那麼為什麼企業要打廣告呢?因為它可以讓他們獲得新客戶、保持市場可見度、提高品牌識別度,並從競爭者中脫穎而出。

這些客戶也可能想要在與廠商和廣告平台合作時,獲得最佳的廣告成功並享受好的 UX。也許對於像 Twitter 這樣的大型科技公司來說,UX 並不那麼重要,因為如果廣告商想要觸及 Twitter 的龐大使用者

1　請參閱以下的財務報告:*http://bit.ly/2L92fAo* 與 *http://bit.ly/2FsFgfP*

群，它就沒有太多選擇。幸運的是，許多廠商和供應商都不是大型科技公司，而 UX 無疑地相當重要。

最後，在我們的 Twitter 範例中，使用者是使用企業提供的產品、服務或解決方案的人。除非使用者主要是為了付費推廣業務、產品或服務而使用 Twitter 的人，否則使用者的目標是看最新的新聞、人物、資訊和事件。使用者還希望分享自己的想法和意見，並與他人互動。這些都是使用者的一些主要目標。

其他的使用者目標是好的 UX、設計、易於使用、好的功能和 API 存取能力（針對開發人員）等。在面對相同功能的兩個產品時，使用者總是會選擇有更好的設計、更好的可用性，並且能讓使用者感到愉悅與快樂的那一個。許多使用者會放棄額外的功能來換取這些東西。

利害關係者的目標

為了簡化討論，我設定了兩個主要的利害關係者—人和企業（正是本書標題和框架背後的含義！）。「人」利害關係者在利益、需求與欲求上，與企業截然不同。「人」包含了使用者和人類客戶（在 B2C 情況下）。

另一方面，「企業」利害關係者關心企業（例如，高階管理人員、執行長、股東）的利益、需求和欲求，而且在 B2B 的情況下，還包含了公司客戶。

在本節中，我們將更深入地探討特定利害關係者的目標，並討論 AI 如何幫助改善人類體驗。目標和利益是 AIPB 的關鍵基礎要素—最終，它們是其他一切的驅動力。

個別利害關係者的目標，可能與其他利害關係者的目標相同，這是理所當然的。它們可能相同或相似，但對每個利害關係者所見和所體驗卻可能是不同的。在我們往下討論時，請記得這一點。

企業的 AI 目標與目的

企業通常在組織的層級和領域都有目標。組織的最高目標是執行長、董事會成員和股東最感興趣的目標。例如，增加營收、增加利潤、降低成本、在特定期間公司成長百分比、提高營運效率，並在擴大現有市場的同時佔領新市場。

事業處管理者通常有不同的目標，應該與一個或多個最高目標一致（儘管情況並非總是如此）。舉例來說，行銷副總／主管的常見目標可能是增加品牌曝光度和知名度、增加集客式銷售、最佳化公司和產品定位和訊息傳遞，以及增加使用者與品牌的互動參與。許多目標可以與最上層目標一致，例如增加營收。

讓組織各層級的目標一致，可使一個提案同時實現多個目標（例如，增加來客來增加營收）。這些一致的目標便是提案試圖實現的**為什麼**。事實上，提案是策略的戰術部分，而策略則是用來實現願景（一組被定義出的目標）的計畫。

除了實現企業目標外，以下是「企業」利害關係者可能使用 AI 來獲取的產出：

- 產生深刻可行動見解，並且作出更好的決策
- 擴增人類智慧
- 創造新和創新的商業模式、產品、和服務
- 獲取新市場或者擴展整體潛在市場（TAMs）
- 引導出新的且最佳的流程
- 驅動差異性與競爭優勢
- 企業轉型和產業突破

讓我們逐個檢視，從深刻可行動見解及作出更好決策的能力開始。

深刻可行動見解

基於分析複雜性的，我對可行動見解與「深刻」可行動見解進行了區分。我們將討論分析複雜性的不同等級，並更細地看看我如何定義一般見解與深刻見解之間的差異。

你或許對商業智慧（business intelligence, BI）很熟悉。BI 指的是從過去和現在，獲得以資料為基礎的企業資料和績效，並在可比期間做比較的過程。為了更了解模式、趨勢與一般見解，我們使用專用工具來存取和查詢特定資料源，以利用資料來產生指標、描述性統計、和資料視覺化。我將這樣所獲得的見解稱為「表淺」見解，這類見解通常在很大程度上依賴 BI 專家或分析師對資料的解釋，因此可能因人而異。

BI 工具可以提供不同檢視資料的方式，但它們通常無法告訴你資料的含義，以及如何採取行動以獲得最佳的成果。知道上個月的銷售額增長了 5% 是有趣的，但是如果你不知道發生這種情況的確切原因，亦或是如何保持或增加銷售成長，那這個發現就不是特別有用。事實上，如果沒有進階分析技術的協助，就很難發現某個不明顯的 KPI/指標變化。

一般來說，分析可以分為更具體的類別，包含**描述性**（*descriptive*）、**預測性**（*predictive*）和**指示性**（*prescriptive*）分析。描述性分析是去檢視過去的資料以獲得見解，如前面的 BI。因此，BI 相近於描述性分析。

預測性分析使用現有的歷史資料，來了解如果採取某些行動或改變（或槓桿被拉動了），未來可能會發生什麼。仔細調校過的預測模型，就是為了此目的而被創建。

指示性分析走得更遠，不僅可以預測某些行動和改變會引發哪些事，還可以進一步提供最佳的行動或決策（例如，經由自動化或推薦的方式），來得到特定成果。預測性和指示性分析構成我所提的「深刻」可

行動見解。這兩個分析領域提供的見解讓你能知道，可以期待什麼成果、以及為了達到預期成果的最佳行動；因此，它們提供的見解，比分析人員對歷史資料做出個人解釋，來的深刻得多。

我們可以將預測性分析和指示性分析，視為進階分析（還包含機器學習和 AI 技術）的子領域。進階分析技術可以產生深刻可行動見解，並且讓人們和企業能夠做出更好的決策。一般來說，AI 可以產生更好、更快、更有效的決策、行動和成果。

深刻可行動見解可以用自動、隨機或自助服務的方式產生，並更好地為企業和產品決策提供資訊，也能創造更好的人類體驗。你應該把進階分析技術想成與 BI 相互補，而非取代 BI。

擴增人類智慧

擴增人類智慧是目前大型企業追求 AI 解決方案的最大理由。

擴增智慧的概念是指 AI 能為工作中例行性的、僵化的、無聊或乏味的任務，提供自動化與協助。使員工專注於能替公司和他們本身提供最大價值的部分—那些最令人感到愉快的任務，從而提高工作滿意度。此外，擴增智慧也能使得員工更具創造力、生產力與效率。

確保員工保持愉快並且樂於工作，應該是任何公司的首要任務。尤其當你想到大多數人每天花在工作上的時間，比在家中花費的時間更多，留住優秀的人才是多麼的重要。

多數專業和產業都有許多擴增智慧的潛在應用，比方說客戶服務。人們打電話給客戶服務中心，所詢問的很多問題並不需要人來回答。事實上，若這些不需要人回答的問題佔著客服資源時，通常會讓非常有價值的客戶（他們可能因特殊的原因或需要特別的協助而打來，確實需要人類的智慧）等待很長時間，進而導致糟糕的客戶體驗。使用進階分析和 AI 技術（例如 NLP 相關技術）可以讓客服中心透過擴增智

慧來判斷進線的請求是否只需要 AI 技術便可以解決，或者是需要透過
人的方式才能解決，來進行分流。如此一來，可以讓客服人員全心全
意地專注在具有最高價值的工作上，又如果自動化部分運作得當，能
提供最佳的客戶體驗。

另一個非常有趣的例子是自動化科學，卡內基梅隆大學（CMU）還
依此創建了一個碩士學位課程（*http://bit.ly/2WZr4S9*）。想法是科學
家們透過使用可以幫他們自動識別與選擇實驗的機器，來協助自己在
更短的時間內簡化和解決更複雜的問題、完成更多的事情（提高生產
力）。這也有助於 AI 驅動實驗策略的產出最大化和成本有效性，因為
機器已被證實在這部分表現得較人類優異（*http://bit.ly/2Hz75ER*）。

創造新的和創新的商業模式、產品和服務

使用 AI 的另一個原因，是為了發現和開發新的和創新的商業模式、產
品和服務。我們可以使用 AI 創造新的產品來單獨地銷售，或者是成為
產品組合的一部分。AI 還可以基於不同程度的智慧表現與產出價值，
來進行功能區隔。換言之，你可基於使用進階 AI 功能的多寡所產生的
價值多少，來產生新的固定等級或是訂閱價格的商業模式。從研發角
度來看，這方式是合理的，因 AI 的成本通常不低，依此設計出這樣的
商業模式可以更好地與其開發成本連動。

這有個很好的例子，是在金融投資產業所導入並且推廣的機器人顧問
（即由演算法驅動的投資自動化）。即使機器人顧問最早由創新新創
公司提出，但大公司也紛紛地導入了自己的機器人顧問產品（*https://whr.tn/2QkKi26*）。

除了引入以低成本、低維護和易於取得的投資工具為核心的新商業模
式和產品外，機器人顧問還讓公司能夠佔領新市場並擴展現有的整體
潛在市場（TAM）。我們將接著討論此主題。

獲取新市場或者擴展整體潛在市場（TAMs）

如前所述，AI 可以驅動了新產品，其意味著處理了現有產品未及的新市場。產品有可能已經獲取了一定比例的 TAM，但由於功能有限或功能已至頂，而無法擴大 TAM 的佔比，但若能為產品在功能上或愉悅上進行些微的改善，便能讓許多使用者採用。AI 有很大機會可以為這樣的產品帶來非常令人興奮且具有高價值的改善，從而幫助企業獲取原先在市場中觀望的新客戶，或者是其他潛在的新客戶。

例如，機器人顧問市場預計到 2025 年將達到 16 兆美元。根據《U.S. News & World Report》（*http://bit.ly/2YDe6Km* ）2018 年 6 月的一篇文章，其增長主要可歸功於「基於 Harry Markowitz 其贏得諾貝爾獎的現代投資組合理論的投資策略，和投資管理費用遠低於典型財務顧問費用」。對於某些既存公司來說，這代表著 TAM 的顯著擴張，且也識別並獲取了一個正尋找比傳統財務顧問低成本替代方案的新市場。

引導出新的且最佳化的流程

我們也可以使用 AI 來最佳化現有的流程，並創造出創新的新流程。我們可以將自動化用於這兩個目的，且能減少低效率和降低成本。在客戶服務範例中，即是透過 AI 分配進線和處理低階需求，來把 AI 新流程導入一個原是大量人力的流程裡。它也能協助最佳化既有流程，讓客服人員可以專心在更有價值的工作上，並且提升他們在工作中的樂趣。在製造業、船隊管理和其他產業，可能也有許多類似的應用。

有一個好例子是藥物探索（drug discovery），這是一種找尋新藥物以治療疾病、失調、病症與綜合症狀的流程。英科智能生物科技公司（*https://insilico.com*）的 AI 部門正利用深度學習等 AI 技術，來創新和最佳化藥物探索過程，並使流程產出最大化，尤其是應用在癌症和老化等相關疾病。該公司使用這些技術，結合多組學、藥物和臨床資料的相關資料。根據其使命宣言，其透過 AI 解決方案，使用 AI 來延長健康壽命。

驅動差異性與競爭優勢

創新、差異化和產生競爭優勢彼此密切相關。在這邊將會大致地檢視它們,因為這些主題貫穿本書。

創新既是一個過程,也是一個結果。創新有許多不同的定義,但從廣義上講,我們可以將其視為產生新想法,從而創造出新產品、服務和流程的過程。

我認為創新有兩種形式:改進現有事物的創新,以及產生前所未見事物的創新。在討論每一種創新和對應的情境之前,讓我們看一下圖 7-1,它顯示了資料的演進。資料和資訊兩種用語是相互關聯的,而且資料在某種程度上代表了資訊的數位版本(即 1 和 0、位元和位元組)。

如圖 7-1 所示,資料和資訊一開始採用口述傳統和記憶的形式。下一步是符號和書面資訊,然後是有組織的資訊分組。資本主義的爆發和工業革命使企業產生了大型、高制度化和專業化的業務功能(例如,工程、銷售、行銷),在各自部門內積累大量專業知識(部族知識),但這些專業知識並未被集中或準備好給其他群組取用。

口述傳統與記憶

早期符號

書寫

部族知識

資訊時代

大數據與進階分析

圖 7-1　資料的演進

二十一世紀帶來了**資訊時代**，也被稱為**數位時代**。這是一個資料（數位資訊）和科技的時代，至今的主要特徵有資料儲存和集中化、網路和雲計算、SaaS（軟體即服務）平台、行動應用程式、和傳統資料分析（例如 BI）。由於高性能、不昂貴的運算和資料儲存資源的巨大進步，伴隨著資料來源的普及，我認為我們現在正處於**大數據與進階分析**的時代。

回到改進現有事物的創新上，傳統資料分析和 BI 是很好的例子。雖然資料集中化、網路和雲計算、軟體和 BI 確實有助於產生橫跨多個資料源的見解，但讓組織內跨業務功能單位更容易取用、產生歷史資料的見解（描述性分析）、和依此採取行動，並不是先前提到的第二種創新。此外，BI 需要倚賴人進行分析與解讀（如資料分析師、經理人等）來得出見解，同以前的方法（例如歷史先例和直覺），其經驗即資料，而見解基於這些方法之上。

前面所提到的第二種創新，指的是做出以前從未建構或做過的事物，尤其是對於終端消費者（例如人員、企業、流程）而言。我認為 AI 和機器學習等進階分析，才符合此類創新的定義。進階分析使得自動預測和指示性分析（而且不需要寫程式）以及本書中涵蓋的許多其他內容成為可能。更重要的是，進階分析使人們能夠產生其**無法**自行發掘出的深刻見解，因此也產生了以前不可能有的成果。

AI 及其激發的創新，是實現公司及其產品差異化的好方法。差異化可能是多種事物的結果。可能是一間公司搶得先機因此有了時間差異（如先行者），即便許多公司會陸續追趕並最終趕上。差異化也可能是公司開發出智慧財產（IP），其受到法律保障和／或難以複製。還有一種可能單純因為出色的流程、服務、方法和使用者體驗。無論是哪種，差異化是發展公司獨特價值主張的關鍵。

在新興和最先進的進階分析技術（例如 AI 和機器學習）的持續創新，
是產生差異化和競爭優勢的絕佳方式，同時也有助於避免商品化和價
格下行壓力。只要你擁有競爭優勢，像是出色的 UX，你的產品就很有
可能獲得成功並獲得市佔。

一個了不起的例子是亞馬遜最近推出的 Amazon Go 商店（*https://
amzn.to/30GeI3S*）。將這些商店想成「便利型」商店，人可以走進
去，拿起要購買的物品，然後離開，期間無需任何人工的協助或實體付
款交易。根據其官網的介紹，要做出這種商店需要各種 AI 和機器學習
技術，包含了電腦視覺、感測器融合（透過組合和評估不同類型感測器
的資料，以提高準確性）和深度學習。雖然在未來這樣類型的商店可能
因為流程的標準化而非常普及，但目前絕對是令人眼睛一亮的事情，具
重大突破性和競爭優勢潛力。

其他的例子包含 nuTonomy 和 Zoox 等公司，這兩家公司都在幫助
自主駕駛汽車的發展。特別是 nuTomomy 為無人駕駛車隊開發的軟
體，使車隊可供居住在城市的人們使用。

企業轉型和產業突破

最後，AI 作為一種創新工具，不僅可以也已經改變了企業、顛覆了產
業。Google 是很好的企業轉型範例。它們最初專注於搜尋引擎和演算
法。在試著最佳化搜尋產品的過程中，Google 聘請了一些最聰明且受
過最良好教育的技術人員，來開發最進階、複雜和最先進的技術和進
階分析的產品與演算法。現在，Google 基本上就是一個以 AI 驅動的
公司（*https://ai.google/about*），它將 AI 和機器學習融入到許多自身的
產品之中。

這導致了巨大的差異化和競爭優勢，而且 Google 現在控制了絕大多
數的人所使用的搜尋引擎和所看到的搜尋結果。因此有趣的事情發生
了，其他 AI 公司浮上檯面，試圖去創造開放、由社群驅動和去中心化

的搜尋工具來作為替代方案。觀察其後續是否能夠持續發展並獲得市佔，以及是否有其他方法可以真正地顛覆搜尋產業。畢竟 Google 已經佔據這個市場相當長時間了。

在撰寫本書時，雖然 AI 正獲得巨大發展動力並變得普及，且每天也都會出現新的實際應用，但 AI 還正處於起步階段。那些開始使用 AI 的公司不一定能轉變業務，但它們肯定具有顛覆產業的潛力。

Uber 和 Lyft 等共乘平台就是很好的例子。這些平台徹底顛覆了計程車產業。現有公司只能適應調整並接受此改變，或者某些例子選擇了退出該產業。

人的 AI 目標與目的

那麼人呢？如前所述，人與企業有不同的興趣、需求和欲求（因此有其目標），通常人有很多潛在的心理、經驗、情感、社會和其他因素，決定了某解決方案是否能充分實現某個目標，以及是否繼續使用它。

正如本書的標題和副標題所示，AI 可以為人帶來許多好處，包含創造更好的人類體驗。若企業所創造出的解決方案，能使人們生活和體驗更好，如下列表，那麼的確是這樣。憑藉適當同理心和觀點，企業應該為購買或使用其產品的人優先考慮這些目標。這裡的重點是 AI 專注於人和以人的觀點出發，而不是聚焦於企業。這正是本書和本節的關鍵前提。

因為 AI 創新的結果，「人」利害關係者可能會體驗到以下成果類別，如下列表：

* 更健康與健康相關成果
* 更好的個人安全與保障
* 更好的財務績效、儲蓄、與見解

- 更好的使用者體驗、方便性與愉悅
- 更好且更容易的計畫與決策
- 更好的生產力與享受
- 更好的學習與娛樂

現在讓我們簡短地且概略地來看看每一個類別。請記住，隨著我們的
進步，儘管其中一些類別已經非常顯而易見，但 AI 是能夠在所有類別
都幫助產生好處與成果的，這樣的事實並不是如此明顯也未被廣泛地
理解。在接下來的兩章中，我將更詳細地討論這個以及相關主題和概
念，並在第 9 章中說明各個類別的 AI 案例，該章特別聚焦在用 AI 為
人類提供更好的體驗。

更健康與健康相關成果

人類顯然非常關心身體健康，並且遇到健康相關的問題時，期望可以
盡量得到好的結果。這個類別與下一個類別都是與人類生存的基本需
求—生理與心理—密切相關。

更好的個人安全與保障

就像健康類別和它與生存需求的關係一樣，人類顯然也會非常在意人
身安全和保障，不管是在公共場合、工作場所或家庭中都是如此。

更好的財務績效、儲蓄、與見解

人們希望改善他們的財務績效（例如收入和投資）、降低成本、節省更
多資金，並更了解他們當前的財務健康狀況，以及投資對未來財富的
影響。

更好的使用者體驗、方便性與愉悅

人們每天因各種理由、以各種方式來使用科技，最常見的方式是透過
某種使用者介面（UI），比如網站、網路 app、行動 app、桌面 app

和連網裝置（例如，個人助理）。這些介面不僅限於這邊所提到較易見的軟體介面，還包含了電視、交通工具（例如汽車和飛機）、工作相關設備、劇院和音訊系統等。

人們自然希望這些互動和過程是易於理解、易於使用和體驗，並且在理想情況下也是令人愉悅的。由於緊湊的生活和其他原因，如果產品可以增加便利性和減少完成事情的時間花費，人們通常也是十分感興趣的。

更好且更容易的計畫與決策

人類每天都要面對生活中不同面向的計畫與決策。這些面向經常超出他們自身的專業範圍（例如退休計畫與投資組合管理），而且還必須面對太多可以選擇的選項。因此在有益且可能達到的情況下，人類有很大的動機去尋找方法來簡化、自動化、和改善計畫與決策。關鍵是創造更簡單和更好計畫與決策的能力。

更好的生產力、效率和享受

人們對於提高他們在工作中和工作外完成任務的生產力、效率和整體樂趣相當感興趣。我們已經在企業用途的擴增智慧工作情境中包含了這個主題，但這裡的討論觀點在於人身上。

人們也會在非工作的日常生活中使用科技並且完成一些事情。大多數的人會在工作之外，建立清單、撰寫文件和電子郵件、購買雜貨，和進行其他行政類型的任務。擴增智慧也同樣適用於這類情況。

更好的學習與娛樂

人們想要學習和娛樂，以及找尋新的、更好的和更有趣的方式來達到這兩點。這有助於增加知識與幸福感，和降低無聊感。此外，當無聊的事情變有趣時，人們會非常喜愛（比如，學習）。

結論

總而言之，當結合所有這些對人有益的好處時，最重要的便是 AI 可以幫助人們以更好的方式完成「工作」，並有更好的體驗。AIPB 指引所建立的 AI 願景，應被視為實現這個目標的工具—無論對人還是企業。企業應該通過這些視角來善用 AI，並理解如果他們能夠幫助人們以更好的方式完成工作，同時創造更好的人類體驗，那麼收入、利潤和其他一切好處都會隨之而來。

識別目標和與其相關的利害關係者，是制定 AI 願景和策略、及任何創新驅動的願景和策略的關鍵第一步。不令人意外地，AIPB 的關鍵要素也包含了目標識別和優先排序。關鍵是先從詢問你想要完成的是什麼，且最重要的是「為什麼」。

此外，企業目標與人的目標不同。AI 能夠幫助達成兩者的目標，有些是同時實現的，實際上，還有許多是互利的。最後，正如 Chip Heath 在他的著作《創意黏力學》（*Made to Stick*）中所寫到「你不能有五個「北極星」，你不能有五個最重要的目標。」這真的很正確，因此，請確保排序並選擇最重要的一兩個目標開始，然後根據需要後續加入更多目標。

值得重申的是本章討論的目標，是以相對較高層次呈現。實際上，AI 提案通常還需要定義該應用專屬的目標，會比本章所涵蓋的目標要細得多。商業人員、領域專家和 AI 實作者必須彼此協作，定義出更細化且專屬於該應用的目標。

既然我們已經了解*為什麼*的重要性也有了目標，接著讓我們看看是什麼讓產品變得出色，以及 AI 能如何創造更好的人類體驗。更了解這些主題將有助於你創建 AI 願景。

Chapter 8

是什麼讓產品變得出色

我們已經探討了 AI 對人和商業的目標和目的，接著我們要討論如何建立一個，關於建構好產品以能夠達到這些目標的 AI 願景。

本章主要是為你概述重要性 vs. 滿意度的概念、我認為能讓產品變得好的四要素，以及如何善用精實與敏捷開發的概念來打造 AI 解決方案。

重要性 vs. 滿意度

我們先從討論重要性 vs. 滿意度的概念開始出發。因為這些概念會成為下個章節（讓產品變得好的四要素）的重要背景知識。

我們之前介紹了「待完成工作（Jobs to Be Done）」框架，它是成果驅動創新（outcome-driven innovation，ODI）策略與流程方法的其中一部份。如前所述，人僱用企業、產品和服務來完成「工作」的原因通常並不明顯、不容易被「僱用」的人馬上理解，而且也不容易解釋清楚。

有時候，是因為產品能讓他們「感覺」到什麼，無形，但卻真實存在。例如，「僱用」一碗冰淇淋能讓你覺得更加舒暢、「僱用」一支牙刷來完成清潔牙齒的工作、「僱用」一個會計服務來完成年度納稅申報的工作，和「僱用」一個像 Gmail 這樣的電子郵件服務，來完成你寄發電子郵件的工作。

知名作家與哈佛大學教授 Clayton M. Christensen 與其合著者指出，人們判斷一個解決方案是否能做好其工作的主要因素，不僅是功能，更多的是社會和情感因素，還有體驗因素也很重要（*http://bit.ly/2BC0G8t*）。終究，人們會繼續與那些他們「僱用」後能好好完成工作的公司、產品、和服務合作，否則便會「解僱」它們。

再者，所有的工作都是由步驟組成，而「待完成工作」框架即是一種有組織的方式以腦力激盪和解放創新想法（*http://bit.ly/2YGHX4E*），以讓步驟變得更簡單、更快速，或是省略。這意味著人們創建產品的常見方式，發生了非常大的變化。它將焦點從企業指標轉移到了客戶指標，從使產品更好轉變為使工作與成果對人們更好。

換句話說，重點在於待完成工作，而不是產品本身。它也著重於客戶的聲音，而不是假設知道客戶需要或想要什麼。產品想法應建基於此，也能促使創新和企業更成功。快樂的客戶代表著更成功的企業。稍後，我們將詳細探討以人為中心的產品設計和開發的其他概念和方法。

「待完成工作」也非常強調機會與成果，構成了一個對客戶重要性及其對現有替代方案滿意度的函數。圖 8-1 顯示了這種關係。

圖 8-1 說明了三個不同的市場區隔，特別是那些成果過度提供或提供不足的。以圖形化的方式，基於了解客戶期望完成的工作並判斷客戶期望成果的機會大小，來對客戶進行區分。最大的機會，是在客戶需求未被滿足之處，在此情況下，完成工作與實現預期成果的重要性很高，然而客戶對於完成工作的相關解決方案滿意度很低（右下處）。

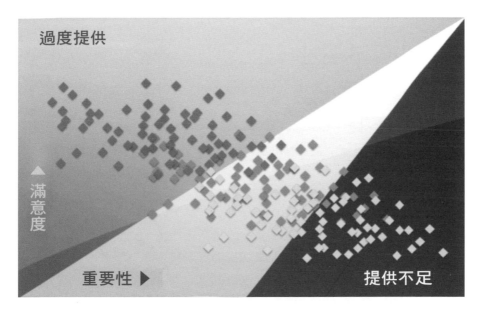

圖 8-1　重要性 vs. 滿意度（作者 *Anthony Ulwick*，〈A Three-Segment Solution〉，The Marketing Journal，*http://bit.ly/2HS4IvT*）

值得注意的是，我們可以將重要性與滿意度的關係應用到單個功能與整個產品的關係上。這種方式能協助我們在利益驅動的產品開發中，排序並整理要建構哪些功能。在了解人們為了完成「工作」而「僱用」企業、產品、與服務的原因之後，現在就讓我們來探討是什麼讓產品變出色，以避免其最終被「解僱」。

卓越產品的四個要素

是什麼讓產品變出色？是什麼導致人們使用某一種產品而不是另一種產品？是什麼導致人們每天使用產品而不是每月使用一次？是什麼造成人們越來越常與產品互動，且每次使用的時間越來越長？

這可以歸結於四個主要的因素：

- 恰如其分的產品
- 滿足人類需求、欲求、與喜好的能力
- 設計與可用性
- 愉悅與黏著度

接著讓我們依序討論每一個要素。

恰如其分的產品

我會停止使用一個產品，通常是它無法運作或無法好好運作。品質相當重要，而你應該花時間和力氣來確保它，但實際卻往往不是如此。無法運作的產品可能是有瑕疵缺陷、經常壞掉或需要替代辦法才能使用。相反地，「恰如其分」的產品能做好它們本來要做的事，確切來說，是它們要做好本分且沒有錯誤。或至少產品不是基於錯誤（error-based）。讓我多做一些說明。

不是全部但幾乎所有 AI 和機器學習模型，在某種方式上都是基於錯誤的，代表模型會使用訓練資料集來進行訓練，直到所選的性能指標（例如，準確性）落在可接受範圍（當模型用測試資料集測試時）。AI 和機器學習解決方案並不完美，也不可能百分之百正確。可接受範圍是另一種用來說明性能指標（以及隨後的誤差程度減少）「夠好」的方式。

不幸的是，「夠好」並不是一個量化的衡量標準。此外，有時要達到目標性能水準、或甚至達到可接受性能水準，可能因許多因素而非常困難，又某些錯誤可能會導致生死攸關的後果，我們將在後面討論相關的主題。

這樣說吧,「夠好」的好處通常要遠遠超過任何潛在的缺點,才能使它成為一個合理的目標。不過,一些應用還是能夠達到幾乎完美。商務人員、領域專家和 AI 實作者必須協作,以決定特定應用中的哪些錯誤是可接受的(夠好)。當本節中的所有標準都能滿足(包含「夠好」)時,AI 應用便應能「恰如其分」,而這正是一個重要的目標。

滿足人類需求、欲求、與喜好的能力

雖說一個產品能滿足人類需求、欲求、或是喜好的能力是關鍵,且應該是無庸置疑的,但這絕對值得進一步討論。本節中將會探討其中的細微差別,包含這三者之間的差異。

首先,在開發技術解決方案(包含使用 AI)時,越能夠排序和理解人類需求、欲求或喜好,產品就越成功、使用者的人類體驗就越好。如果解決方案能夠以讓人愉悅的方式,解決問題或者是滿足某些需求、欲求、或喜好,人們並不一定在意採用了哪些技術或者是背後的細節。最好的 AI 應用是讓使用者感受不到產品使用了 AI,而只知道它滿足了上述其中一點或更多,且優於其他同類產品。

為了能夠更了解人類需求的概念,讓我們簡要地回顧一下馬斯洛需求層次埋論。

馬斯洛需求層次

許多人都很熟悉或至少聽過馬斯洛需求層次理論。這些需求是人類動機的重要驅力,而且主要是為了生理和心理的生存和健康,以及自我實現。在這裡提出它的目的,是為了提供一個簡要回顧,並討論一下這些需求在技術和 AI 的情境。

圖 8-2 顯示了馬斯洛需求層次是五個階層,需求按重要性從低至高依次為:生理、安全、歸屬感和愛、尊重和自我實現。

圖 8-2　馬斯洛的需求層次

底部的四層是為**匱乏需求**（*deficiency needs*）。人們有很大的動機去填補層次中較低的匱乏部分,這是因為它們是基本的生理需求,而當這些需求越是被剝奪,人類就越有動力去填補它們。當這些需求得到滿足時,動機就會往上移動到填補更多社會和心理的需求。有趣的是,框架指出了當匱乏需求被滿足後,動機會再增加,可能是顯著的增加,以滿足自我實現的需求（層次的最高處）。不同於基於缺乏的匱乏需求,自我實現需求是因為由個人成長和滿足的渴望所驅動的。例如專業能力成長、成為中小企業、攀登聖母峰或學習演奏樂器。

原本馬斯洛指出（*http://bit.ly/2JzpuUj*）需求必須按順序滿足,但後來澄清了這個見解。當特定需求被「或多或少」地滿足時,動機就會降低,而焦點將轉移到下一組未滿足的需求（顯著需求）。儘管人們自然地試圖滿足從底層到頂層的需求,但生活事件和其他情況（例如,疾病、離婚、解僱)通常會使其成為一反覆且不斷變化的動態過程。

馬斯洛還認為，由於人與人之間的根本差異以及他們的動機，層次較高的某些需求，甚至可能比基本生理或其他較低的需求更重要（例如缺乏食慾）。此外，人們可以同時受到多種需求的驅動。社群媒體就是一個很好的例子。人們經常使用社群媒體，因為它提供了一種愛和歸屬感，同時也有助於他們的個人自尊。

還值得注意的是，馬斯洛的層次結構是存在某些批評的（*http://bit.ly/2wfJCSx*）。有些人認為他的框架缺乏心靈的、利他的（將他人的需求置於自己的需求之前）和社會的（以自我為中心的文化 vs. 以社會為中心的文化）需求，然而這些需求顯然都很重要。

需求、欲求、與喜好之間的差異

在此，要區別一下人類的需求、欲求、和喜好。它們彼此相似且相關，但卻不相同。

需求，如同馬斯洛層次結構中所指出的那些，代表人們用以滿足人類生存、健全心理健康、自我實現、自我成長的需求。另一方面，欲求則代表著人類想要擁有，但對於心理與生理的存活上未必需要的東西。

當某種欲求與需求離得越遠，人們就會更聚焦於如效用、可用性、和愉悅（稍後將進一步討論）等概念上。此外，人類會想要（渴望）某樣東西，可能是認為它會滿足他們某一項非關鍵的需求，或者認為擁有之後便會喜歡上它，雖然結果並不總是如此。試著想想孩子們一開始想要的那些玩具，但玩了一次後，那玩具就再也沒拿出來過了。

喜好是最終的結果，它代表著某人喜歡某東西（例如，產品、食物、旅行目的地）的程度，而無關乎是否想要它。我們經常有機會嘗試某些我們不知道或不想要的東西（例如，商店的試吃品），然後才了解自己有多喜歡或不喜歡它。

人類的需求、欲求和喜好，是推動人類決策、技術創新，以及產品好壞的強大力量。了解這些以後，讓我們開始討論需求、欲求和喜好的滿足，以及過程中必須考量的因素。

以人為中心而不是以企業為中心的產品與功能

實際上，用科技產品滿足人類的需求和欲求，往往說起來容易做起來難。原因有很多，其中最重要的會是，以人為中心 vs. 以企業為中心來設計建構產品與功能的差別。產品常以企業為中心製作，而並不是以人為中心，結果是產品無法好好地處理使用者的需求、欲求、和喜好。

企業主和員工不是他們產品的客戶或使用者，但他們常以客戶或使用者自居，來創造產品想法和做出產品決策。這導致了產品與功能以企業為中心，而不是以人為中心，但其實，越不以人為中心的產品與功能，就越難獲致成功。

導致這個狀況的一個相關因素，就是所謂的**最高薪資者意見**的問題（又稱 HiPPO 問題，通常指的是公司所有者和高階經理人）。當產品決策不成比例地偏向 HiPPO 的意見而不是實際客戶或使用者的想法時，就會出現 HiPPO 問題。這個問題的另一種表現，是當 HiPPO 的想法凌駕於能創造好產品的專家（例如，UX 設計師、產品經理）的想法時。

最後，企業利害關係人通常基於其本身的業務功能，而有不同目標與激勵措施，因此傾向於爭取對其直接有利的產品功能。這種情況如果管理不當或不去確認，可能會演變成失控的情況，使產品最終包含了所有功能，但卻是個垃圾。最終這會導致糟糕的使用者體驗，並降低產品滿足人類需求、欲求和喜好的能力，因為使用者想要的功能可能會被隱沒在一堆非必要功能和 UI 元素之中。

產品應該是由優勢驅動的，而不是由功能驅動的，而且更重要的是把使用者的需求、欲求和喜好作為一切考量的驅動力。有許多的方法可以確保這一點，並且避免前述問題，例如：透過 UX 研究和設計、以人為中心的設計、以使用者為中心的設計、尤其是設計思考（design thinking）

舉例來說，設計思考流程中的同理心階段（將於第 9 章中討論）的同理心研究和設計。同理心設計專注於觀察消費者並了解他們的需求，而不是只依賴市場研究或非消費者觀點。

另外一個例子是 Google 開始投入以人為中心的機器學習（human-centered machine learning, HCML）（*http://bit.ly/2YIn88T*），以處理前述議題，以及如何以融合方式來運用 AI 和機器學習。這裡強調了「你不是使用者」這 UX 原則的重要性，並用了一些方法（*http://bit.ly/2HP4qGU*）來「觀察產品，以了解機器學習如何能奠基於人類需求，又能以機器學習才能做到的獨特方法來解決它們。」

作為本節最後的提醒，有很多方法可以衡量產品是否滿足人類的需求、欲求和喜好。像是產品績效分析（例如，銷售、客戶獲取）、客戶參與度和留存率分析，以及分析使用者回饋。

設計與可用性

在建立產品願景和策略時，設計經常是一個被低估的領域，但它對產品的成功至關重要。但是，設計這個詞很廣義，但在這裡我們僅採用其中的部分。由於本書是關於利用 AI 等新興技術進行創新；因此，我們僅關注於與創新和技術相關的設計。

Dan Olsen（*https://dan-olsen.com*）是產品管理顧問和《**The Lean Product Playbook**》[1] 的作者，他創造了我們在本章所要討論的兩個框架。第一個稱為**使用者體驗設計冰山**（*The UX Design Iceberg*），第二個稱為**產品市場契合金字塔**（*The Product-Market Fit Pyramid*，本章稍後會介紹）。我們先來介紹使用者體驗設計冰山。如圖 8-3 所示。

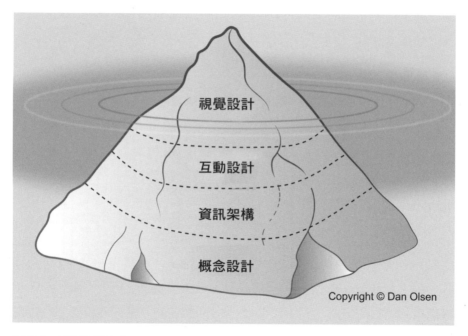

圖 8-3　UX 設計冰山

冰山水面以上的部分是使用者所看到並且與之互動的部分；或換句話說，是 UX 的視覺和互動部分。冰山水面下的各層則是 UX 的基礎，也是設計的基礎。讓我們由下往上，簡要地討論每一個層次。

1　Olsen, Dan。《The Lean Product Playbook: How to Innovate with Minimum Viable Products and Rapid Customer Feedback》，New Jersey: Wiley，2015 年。*https://dan-olsen.com*

概念設計代表了設計過程中最早的階段。此時對使用者需求產生概略的理解，接著將其轉化為解決方案，或產品看起來和感覺起來怎樣的初始概念。這是從設計角度將問題空間映射到解決方案空間的起點。

資訊架構是設計過程的一部分，在此過程，設計師決定如何有邏輯地將資訊組織成產品，以及使用者在其中的資訊路徑或流程。這些安排，包含整個產品的資訊結構和版型。例如，產品導覽和子導覽的順序和選項，及摘要中的內容排版，都是資訊架構的一部分。

互動設計是使用者與產品之間互動的設計。可以是整個產品的導覽和流程，也可以是與 UI 各元素進行互動，例如輸入資訊、說話（越來越主流）、選擇、點擊、滑動和捏合。互動設計還包含了互動回饋設計，像是訊息、通知和錯誤（例如，驗證）等。

最後一個面向使用者的設計層次是視覺設計。這是設計的美學部分，即 UI 使用者介面看起來如何。這包含顏色、對比度、字型、字體設計、標誌樣式、圖像元素、定位和大小。上述並非完整的列表，但這些是視覺設計的關鍵領域。

用 UX 設計冰山所描述的一切來設計與實作，並不代表設計或 UX 一定會是好的或有效的。同樣地，即使你滿足了好產品的前兩個標準：產品「恰如其分」、能夠滿足人類的需求或欲求，這說法也同樣適用。人們需要了解產品呈現的資訊，以及如何與之互動。在大多數情況下，人們第一次體驗科技產品時並不會閱讀使用者手冊或接受相關訓練（想想你用過的大多數行動 app）。

這正是**可用性**概念非常重要的地方。這個領域是由重要研究、概念和測試方法所構成，相關的深入討論已超出本書範圍。我們將只討論可用性最重要的概念和關鍵要點。

在《如何設計好網站》[2] 一書中，作者 Steve Krug 談到網頁或 app 的目的和功能如何（盡可能地）讓使用者不需耗費心力即可了解並使用；使用者應該自然而然就「知道」。他在書中交替使用了不證自明、顯而易見和不言自明等用語來描述這個觀點。

雖然在他的書中，不證自明和不言自明這兩個用語在說明可用性上是同義的，但我的看法卻略有不同。我通常使用三個不同類別說明不同的可用性程度。分別是「需要說明」（次優）、「不言自明」和「不證自明」（最優）。我們可以把這些類別應用到任何有提供介面讓使用者直接操作的科技產品（如，網頁 app、行動 app、智慧家庭）上。需要注意的是這些類別並不是硬性切割，更像是一種光譜。

「需要說明」類別指的是 UX 不特別「可用」。這代表為了讓使用者了解和使用技術界面，需要一定程度的解釋。比方說，以訓練或文件的形式。如果可能的話，你應該避免這類次優的設計。

下一個級別是「不言自明」，這是非常好的，大多數好（不是最好的）產品的可用性處於此類。「不言自明」指的是，雖然不是非常明顯，但仔細觀察、閱讀文字、和讀 UI 的上下文應該就能了解所有的意含，並且知道如何操作。

「不證自明」是最優的情況。這代表著完全不需要額外的解釋，因為關於 UX 的一切都是完整且非常明顯的。這是一個非常高的標準，顯然也不是所有使用者都適用，但對大多數使用者來說都是如此。這也正是一個真正卓越的產品才有的顯著特徵。

2　Krug, Steve。《Don't Make Me Think, Revisited: A Common Sense Approach to Web Usability. 3rd ed.》，New Riders，2014 年

愉悅與黏著度

對於卓越產品來說，愉悅和黏著度是兩個極其重要的概念。兩者將使得產品獲得成功，並且吸引與留存使用者。

愉悅這個概念，是在狩野模型（Kano Model）中被強調的，此產品開發與客戶滿意理論是在 1980 年代，由東京理科大學品質管理教授 Noriaki Kano 所提出[3]。愉悅也是一種心理和情感上的概念，它對產品或服務的成功非常地重要。人們更喜歡使用那些令人愉快且讓他們感覺很好（愉悅的）的產品。即使這代表要放棄那些華麗花俏的功能。簡單又令人愉悅的產品總是更勝於那些與之相反的替代方案。

黏著度，代表了使用者在使用過某一個產品後，便會持續使用該產品；從商業角度來看，這就是一種使用者參與度和留存率程度。但即使不知道這個用語，我們仍然很直接可了解具黏著度產品與不具黏著度產品之間的差異。

讓我們先從愉悅討論起。狩野模型把使用者意想不到、且感到極大樂趣與驚喜的產品功能，歸類為「愉悅因子（delighters）」。而這些愉悅因子正是創造產品差異化與產生競爭優勢的秘密配方。透過引入和增進具愉悅因子的功能，客戶滿意度將會以指數成長。這是真正讓產品成為使用者首選的關鍵差異，與此同時還能提供出色的體驗與極大的樂趣。

3　Coppenhaver, Robert。《From Voices to Results - Voice of Customer Questions, Tools, and Analysis: Proven techniques for understanding and engaging with your customers》，Packt Publishing, 2018 年。*http://bit.ly/2VK9CQ8*

所有公司都應該試著找出哪些是其產品的愉悅因子，然後將其實作出來。它們的投資報酬率不只高，還能輕易地創造出忠誠的客戶，會自發地擁護與大肆宣揚公司產品。如果你能打造出一個令人愉悅的出色產品，那麼名聲最終會散播開來，而產品會獲得巨大成功。正如 Dharmesh Shah（*http://bit.ly/2HDSVlX*）所說：「不要去取悅客戶，而是讓客戶開心。」

有一件需要注意的有趣現象是，今天的愉悅因子，將會成為明天的基本需求。想一下 iPhone。它是我能想到的集許多愉悅因子於一身的極少數產品。一個漂亮相對高解析度的觸控螢幕具有多種互動方式（例如，捏合縮放）、相機和照片庫、音樂播放器與儲存庫、應用程式等。這是愉悅因子的綜合體，而具備這些特色的手機，我們曾稱之為**智慧手機**。

現在，我們已經捨棄了「智慧」這個前綴，而上述這些功能成為所有手機的基本門檻—基本功能。同樣有趣的是，AI 現在也正成為手機中愉悅的來源，例如自動影像分類、臉部辨識的安全功能、動畫表情（animoji）、和相片最佳化等功能。相信在未來的某天，手機、平板和電腦都不再有鍵盤輸入介面，並且所有的互動都將由語音驅動。今天的愉悅因子將成為明天的基本需求，這樣的概念也雷同於 **AI 效應**的概念；也就是說當某些應用變得更普遍（如 Google 搜尋）時，它們便感覺起來不再由 AI 驅動。這樣的情況現在越來越常見。

接著來討論黏著度。你的手機上可能有一百個或更多的 app。但問題是你每天使用了多少個？再者，有多少是你每天會使用多次的？有多少是你每週使用一次？有多少是你每年只使用一次？我們手機上的 app 都會落於上述所說的不同使用方式與頻率。具有黏著度的 app（或通稱產品）是你有在用且經常使用的。同愉悅一樣，黏著度也可能是驅使產品成功的重要因素。事實上，為了解是什麼使產品具黏著度，人們開始進行研究與論述。

在 Nir Eyal 所撰寫的《鉤癮效應：創造習慣新商機》（*Hooked: How to Build Habit-Forming Products*）一書中提出了鉤癮（*Hook*）模型，此模型的建立是為了打造形成習慣的科技（habit-forming technology）。模型由四個元素組成了一個回饋迴圈。這些元素分別是觸發（trigger）、行動（action）、變動獎勵（variable reward）和投入（investment）。概略來說，作者的構想是「觸發」使得人們採取某種「行動」與行為，進而產生某些無法預測且產生渴望的「獎勵」（這個概念類似於愉悅中的驚喜元素），最後使用者做出某些「投入」以改善，成為下一個迴圈的開始。正如 Nir 所言「這些投入，可以用來使每次鉤癮的觸發更具吸引力，行動更加容易，且每次經歷鉤癮的獎勵更加令人興奮。」（*http://bit.ly/30NV4mC*）

在打造 AI 產品或任何產品和服務時，不應忽視或低估愉悅和黏著度。除了創新和能夠成功使用新興技術外，這兩者也是差異化和競爭優勢的關鍵。

既然我們已經討論了卓越產品應該具備的四個要素，接著來看 Netflix 的例子。

Netflix 與專注於「最重要的事」

如 MathWork 的白皮書（*http://bit.ly/2HNHhDW*）所述，Netflix 認為，相較於 [AI] 模型效能，用法、UX、使用者滿意和使用者留存才是最重要的，也更與其企業目標一致。

從產品的角度來看，這些陳述非常有趣，因為 Netflix 的最佳化更加以使用者為中心，而不是專注於效能。這個想法是有道理的，特別是 Netflix 可以承受某種程度的效能不完美，因為 Netflix 並不是將機器學習用於如癌症診斷等領域上。

有趣的是，Netflix 指出的這四點，與我提出的使產品出色的四點直接相關。恰如其分的產品主要影響了留存率、可用性則同時影響著三點（卓越的 UX、滿意度和留存率）、愉悅則帶來高滿意度和留存率、滿足人類需求和欲求的能力也會帶來高滿意度和留存率。你永遠要去問 **為什麼** 並尋求最佳化其原因，來達到預期的效果，而不是反其道而行。

精實與敏捷產品開發

既然我們已經從人的角度，了解讓產品變得卓越的要素及其目的，但你要如何確保你可以在最小的風險下，快速、有效率地建構出成功、卓越的產品呢？這可歸結於兩件事情：第一是確保產品適合於市場，且你的產品比競爭者得更好，這裡的「更好」可以是價格、功能性、和愉悅等；第二是你的確有能力成功地實作，並且交付與市場契合的創新產品。

圖 8-4 顯示了產品 - 市場契合金字塔，是由 Dan Olsen（*https://dan-olsen.com*）所建。在創造創新產品（例如，AI 產品），以及為了取得新市場的產品時，實現產品與市場的契合就特別重要。

產品 - 市場契合金字塔分為兩塊：市場和產品。當產品和目標客戶市場所構成的金字塔中每個層次都得到滿足時，就稱該產品具有產品市場契合。這就是產品成功的保證。

底部兩層關於市場的部分，指出識別你的目標客戶與未被滿足的需求，這兩者就是你的產品甚至是整個企業的基礎。

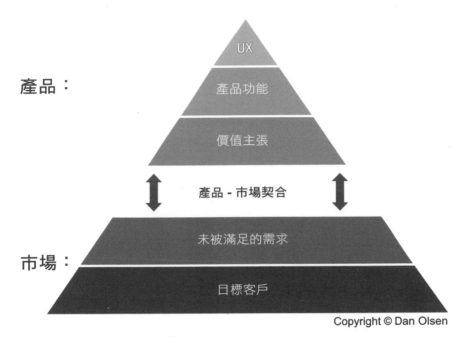

圖 8-4　產品 - 市場契合金字塔

產品的部分，便建立在此基礎上，從產品的價值主張作為起點。這就是我在整本書中所專注的**為什麼**。它可以根據需求、欲求、目標或任何你所選擇的內容來建構，但最終這將是指引一切事物的「北極星」。你也需要在價值主張中定出為什麼此產品將更好。

再往上，會建立一組產品特色與它們對應的功能來使得價值主張成真，接著構築出 UX。客戶與使用者透過與使用者介面互動，來體驗與享受產品所提供的價值。

要做好產品 - 市場契合金字塔上的每一個要素，還需要建立和做出要測試的假說和關鍵假設。這就是精實和敏捷產品開發能發揮作用之處。在更廣泛的產品開發中，看板和 Scrum 等精實和敏捷方法旨在快速地建構和迭代，以測試有風險的假設，並打造隨時能運行的軟體，而不是大量的文件。這些軟體接著可由實際的客戶、或最接近客戶的非商務人員去測試。

這些方法讓公司可以儘快地測試產品 - 市場契合，並依需要改變或轉向以取得成功。有各種概念和框架可用來導引你進行這個過程，它們的實踐方式同其名稱，像是**快速失敗**（*faling fast*）、**建構 - 測量 - 學習回饋循環**（*build-measure-learn feedback loop*）和**假定 - 實驗 - 測試 - 見解回饋循環**（*hypotheses-experiments-test-insights feedback loop*）。

通常，這些迭代流程的初期，是基於最小可行產品（MVP）的概念。如同本書稍早所討論的，MVP 提供了一種機制來幫助降低風險，並避免不必要的時間和成本支出。主要的想法是建構最少的 UX 與軟體功能，並儘快交至使用者手中，以便適當地測試最有風險的假設，並驗證產品 - 市場契合和使用者愉悅。

從定性的角度來看，MVP 應該要是愉悅、可用、可靠和具備功能的。另一個有趣的概念是最小受喜愛產品（minimum lovable product, MLP）。Y Combinator（*http://bit.ly/2Ft5HSR*）的 Sam Altman 曾說：「所建構的東西，與其讓大多數使用者喜歡，不如讓少數使用者熱愛。」無論是 MVP、MLP、試產品（pilot）、概念驗證還是原型，其目的都是相同的。

結論

只建立在技術之上的產品無法卓越。卓越的產品應能「恰如其分」、滿足一個或多個人類需求或欲求、易於使用和理解、以及令人感到愉悅與黏著度。如果你所建立的 AI 願景與策略能達成這些目標，則能幫助 AI 解決方案成功。

在 Ben Horowitz 的《什麼才是經營最難的事》[4] 一書中,他引用了一位前老闆曾經說過的話「我們處理事情的順序是人、產品和利潤……。」雖然他所說的人是公司員工,但我認為這順序也非常適用於打造卓越產品。如果產品先考慮到客戶和使用者,那麼成功和利潤就會隨之而來。

在將這些考量納入你的 AI 願景和策略之後,接著要決定如何測試你最具風險的假設和使用者愉悅,用定義和建構 MVP 或類似可測試解決方案的方式。你可以用精實和敏捷方法有效地促成這一點,而這將使得你得到最多資訊,並在盡可能短的時間內做出所需的改變。

現在讓我們將注意力轉到 AI 的使用者體驗,並將我們學到的知識應用到創造更好的人類體驗,而這正是 AIPB 的主要目標。

4　Horowitz, Ben。《The Hard Thing About Hard Things: Building a Business When There Are No Easy Answers》,New York:HarperCollins, 2014 年

Chapter 9

AI，為了更好的人類體驗

在第 8 章，我們談到是哪些要素讓產品變得卓越，以及為什麼了解它們對於開發成功的 AI 願景和策略至關重要。本章的目標是基於這些討論，並以建構卓越產品的基本要素和精心設計的 UI，來創造更好的人類體驗。

你可能聽說過 UX、UI、以使用者為中心、以人為中心，和以消費者為中心等用語。它們通常會被用於數位產品設計或客戶服務。但這些概念也同樣適用於 AI 和機器學習的應用上，且它們應該要在 AI 願景和策略上被優先討論。AI 等新興技術無法憑空存在，因此考量合適的設計與處理方式是首要的。這正是不斷發展的 *UX of AI* 概念的基礎。

本章會從「體驗」的一些定義開始。這也會成為後續章節的前提。接著我們會介紹 AI 如何具體地協助創造更好的人類體驗，然後討論三個概念，分別是 *UX 介面*、**體驗經濟**、和設計方法論中的**設計思考**。所有討論的內容都非常適用於建立 AI 願景和策略。

體驗的定義

我們都對體驗到底是什麼有直覺的概念，但正式的定義是什麼？我認為 Collins 字典（*http://bit.ly/2wh6rp6*）總結得最好，以下是其三個定義：

- 體驗指的是那些構成某人生活或個性的過去事件、知識和感受。

- 體驗是某些你所做的或發生在你身上的事情,特別是某些影響你的重要事情。

- 如果你體驗了某個情境,你就是身處於該情境裡,或是它發生在你身上。

我認為這些定義已經能夠充分表達其意涵,而無須額外的解釋。以人而言,關鍵之處是體驗存在於產品或物件之外。我們可以把人類使用並與產品互動形容為一種體驗,而事實上也是如此。整個 UX 設計領域正是基於此。

AI 對於人類體驗的影響

AI 對於建立更好的人類體驗有著巨大的前景,且已經可以在許多應用中發現。回想一下第 7 章的成果列表,「人」利害關係人可能因為 AI 的創新而體驗到:

- 更健康或健康相關的成果

- 更好的個人安全與保障

- 更好的財務績效、儲蓄、與見解

- 更好的 UX、便利性、與愉悅

- 更好且更容易規劃與決策

- 更好的生產力與樂趣

- 更好的學習成效與娛樂

當 AI 用於創造上述一項或者多項的成果時,它能夠創造更好的人類體驗。請注意在本書中,「更好」有兩種用法。第一種是去形容改善和情

感方面的體驗，例如：在正向意義下的愉悅增加、享受和幸福。第二
種更好的人類體驗，是預防和降低嚴重不良與次優體驗。

另一件需要注意的事情是，「更好」一詞是相當關乎個人的，且大多數
情況下是主觀的。有些人可能認為某些科技與其對生活的影響，是有
很大好處且成為其生活中不可缺少的，然而有些人可能認為這些科技
或作法的害處大於好處。雖然我認為很多人將發現以下所述，對人類
來說大多是好處居多，但最終好壞的認定還是由人們自己決定，而這
完全是沒問題的。

本節用意在於提供 AI 在每個成果類別如何創造更好人類體驗的好處、
方法和範例。我提供的方法和範例並非詳盡，且每天都會出現許多新
的實際案例與應用，因為 AI 技術和演算法會不斷進步。

以下許多範例都建立在 AI 領域的技術上，例如預測性分析、指示性分
析（自動和／或最佳化的推薦、行動和決策）和強化學習。

更好的健康或健康相關的成果

AI 在更好的人類健康和與健康相關的生理和心理成果方面，具有巨大
潛力。AI 在健康上帶來的潛在好處，有以下例子：

- 預防小毛病

- 疾病的早期診斷與治療（包含身心兩方面）

- 個人化與最佳化的治療計畫與成效

- 更好的健康狀態與更長的預期壽命

- 協助殘障人士

- 減少事故與傷害

生理健康的實際例子，如下：

- 完美配對的腎臟捐贈（*http://bit.ly/2wdSKHd*）
- 用視網膜掃描進行心血管疾病和中風風險評估
  （*http://bit.ly/2En8IDB*）
- 早期肺癌診斷和個人化治療（*http://www.optellum.com*）
- 用音波進行冠狀動脈血栓診斷（*http://bit.ly/2VJVgPN*）
- 藥物劑量最佳化（*http://bit.ly/2VMQOjo*）
- 心臟性猝死預防（*http://bit.ly/2W1CBEn*）
- 加護病房設備設定最佳化（*http://bit.ly/2HwFELG*）
- 用影像進行皮膚癌檢測和診斷（*https://go.nature.com/2JzVJT0*）

心理健康 的實際例子，如下：

- 自殺標記與預防（*https://cnb.cx/2QoB1q4*）
- 憂鬱症與精神病預測（*http://bit.ly/2Mk0P8v*）
- 在不友善動物環境（如醫院）中的擬動物治療機器人
  （*http://www.parorobots.com*）
- 從錄影訪談偵測早期癡呆（*http://bit.ly/2YHxNAL*）

另一個例子是患者的預期壽命預測（*http://bit.ly/2Eu3J3V* 和 *http://bit.ly/2WXkV9c*）。

這是 AI 發展中非常活躍且具有前景的領域。AI 還可以幫助醫生和患者更好地決定要選擇哪種治醫療方案。當基於醫學診斷需要進一步治療時，AI 能夠提供相應治療策略的成功機率和建議，從而幫助人們做出關鍵的生命抉擇。

更好的人身安全與保障

AI 能夠改善人們在公共場所、工作場所和家庭中的人身安全，並同時預防和最大程度地減少潛在問題。AI 在安全和保障上的可能好處，有以下例子：

- 減少事故與傷害
- 改善線上、網路、與家庭安全
- 改善公共安全

實際例子包含：

- 自動駕駛（*http://bit.ly/2HOJBua*）
- 提高施工現場的效率和安全性（*http://bit.ly/2YR4pbB*）
- 即時預測特定地點的安全和風險（*https://prn.to/2QiraC4*）
- 預測自然災害（*https://go.nature.com/2YIyLNc*）（例如：地震規模）
- 過濾垃圾與釣魚電子郵件（*https://tcrn.ch/2VLdDDY*）
- 犯罪分析與預防（*http://bit.ly/2Q gehbJ*）
- 預知保養（*http://bit.ly/2WtHSEd*）
- 詐欺偵測與預防（*http://bit.ly/2M3oJor*）
- 識別盜竊檢測（*http://bit.ly/2QjXC7d*）
- 個人資料保護（*http://bit.ly/2M6kSXB*）
- 運用臉部辨識的家庭安全系統（*http://bit.ly/2YINFDa*）

更好的財務績效、儲蓄、與見解

隨著時間，AI 能夠幫助人們實現更好的財務績效、儲蓄和對財富的見解。AI 在財務績效、儲蓄和見解上的可能好處，有以下例子：

- 改善財務預測

- 改善財務規劃和實現財務目標的能力

- 改善成本與節省一般開銷

實際例子包含：

- 發展低碳與綠電（*http://bit.ly/2HMXyJb*）

- 影像的太陽能板節能估算（*http://bit.ly/2HxPuNk*）

- 預測節能決策（*http://bit.ly/2HMXyJb*）

- 智慧裝置與家庭（*https://nyti.ms/2VG1joE*）

- 個人化促銷和優惠的折扣與節約（*https://www.betterment.com*）

- 投資組合績效的機器人顧問（*https://www.wealthfront.com*）

在撰寫本文時，機器人顧問正是一個很好的例子，因為它變得非常流行。而很多公司全面地專注於 AI 驅動的投資組合管理，其中包含投資選擇和再平衡。與傳統的財務顧問方法相比，這個概念認為這些平台可以達到更好與更低成本的成效，並且完全自動化。

使用者不僅有可能獲得更好和自動化的退休投資組合績效，而且他們還可以對投資組合的運作方式有更好的分析和見解。這裡要注意分析癱瘓（analysis paralysis）的概念，擁有更好的見解通常不代表要有更多的資料和圖表以供查看；情況恰恰相反。它意味著要有非常簡化和精心安排的資料和見解，其恰好可以告訴你所需知道的一切，如果你想要，還可以選擇查看更多內容（思考一下執行摘要的概念）。AI和機器學習正被用來以這種方式產生見解。

更好的使用者體驗、便利性、與愉悅

當人們與技術互動時，AI 能夠為人們創造更好的使用者體驗、便利性和愉悅。AI 的使用者體驗、便利性和愉悅上的可能好處有：

- 更輕鬆、更快、更容易發現有關的產品、內容、媒體、資訊和服務

- 經 AI 最佳化的使用者介面排版與互動方式

- 簡化且多樣化的科技互動方式

- 增進任務便利性

實際例子包含：

- 個人助理（例如，Amazon Alexa、Apple Siri、Google Assistant）

- 透過搜尋引擎和推薦系統，減少搜尋和瀏覽的摩擦（例如，Google、Amazon、Netflix）

- 對話式產品推薦（*http://bit.ly/2VLUUZ8*）

- 辨識指定樂曲與音樂家（*https://blog.shazam.com/*）

- 從酒標看葡萄酒評分與評價（*https://www.vivino.com*）

- 特定姿勢的偵測與辨識（*http://bit.ly/2X3n1Ez*）

- 即時的多人姿勢偵測（*http://bit.ly/30BBqtL*）

- 影像式問與答（*http://bit.ly/2Mk2Bqb*）

- 用聊天機器人訂購鮮花（*http://bit.ly/2WjKKn0*）和披薩（*http://bit.ly/2VLV7vo*）

- 減少完成任務所需的交通和步驟的能力（例如，使用行動 app 存入支票，而不用去銀行）

- 運用聲音（*http://bit.ly/2JVGV0w*）和影像（*http://bit.ly/2JxQyTX*）
  的搜尋和互動方式

- 袖珍型的即時語言翻譯（*http://bit.ly/2QiUF6F*）

Amazon 和 Netflix 都創建了許多人非常熟悉的個人化推薦引擎。
這些引擎的加入產生了巨大的商業價值。Amazon 因此增加了 35％
的收入，而 Netflix 上被觀看的內容中，則有 75% 是由引擎推薦的
（*http://bit.ly/2CjeoM5*）。

讓我們談談**為什麼**這些引擎對這些公司來說如此的成功。許多人認為
瀏覽和搜尋事物是一件苦差事，因此產生了磨擦和時間投入。隨著想
要搜尋與瀏覽的事項不斷地增加，這種情況只會變得更糟，以至於有
些人開始經歷分析癱瘓。這個現象是由於有太多選項，造成使用者掙
扎於做出選擇或決定，而最後選擇放棄。推薦有助於緩解這個問題。

引擎效能越好，推薦結果就越有機會確切包含使用者想要的項目，而
這原本是他們得努力從數以千計潛在候選項目中才能找到的；另一個
好處是使用者有可能會接觸到他們不知道、但可能非常適合他們的類
似項目；例如，要買的產品或要看的電影。最後是使用者也可以輕易
地找到相關項目（例如，電池和電池充電器一起買）。

另一個好處是，提供推薦為一種個人化的服務，這對於人們來說（尤其
是年輕一代）變得越來越重要。對於人們認為重要的事，人們會很想要
有個人化體驗。傳統的軟體與技術的設計都是基於通用的概念，用意在
於吸引大眾，然而這可能會降低一群重要使用者的整體使用體驗。

讓我們回顧一下 Amazon 和 Netflix 在引入推薦引擎後所經歷的巨大
變化。Amazon 收入的大幅增長主要是由於每一筆訂單中的購買項目
增加。人們不再一次購買一樣產品（如因搜尋摩擦、時間耗費和分析
癱瘓），而是可以輕鬆地把很多東西放入購物車，同時搭配其他新穎、

令人興奮、或就在那裡等著你放入的（可以把這想像成數位衝動性購物）。

隨著 Netflix 推出推薦功能，人們越來越喜歡用這個平台，並且能夠更輕易、更快速地找到他們想要的影片。平台會介紹給人們本來不知道，但會喜歡的新電影和電視節目。在許多情況下，人們停不了觀看 Netflix，因為該平台會在你目前觀看的內容結束後立即推薦新內容，你只需要點擊就可以繼續看。

Netflix 因為引入了推薦服務，因此避免了和其他公司一樣失敗。想想那些我們曾經安裝在行動裝置上不具有「黏著度（即有用且令人愉悅）」的 app，最後它們再也沒被用過。這種情況本來很可能發生在 Netflix 上。Netflix 剛推出的時候，它的影片目錄沒有太多受歡迎的內容，規模很小，不過它的內容慢慢變多。且使用者本能地想要從搜尋找到東西，如果產生一堆不相關的搜尋結果，很可能導致使用者完全放棄使用 Netflix，特別是人們不在上面花太多時間和毅力。但這並未發生，最可能的原因是引入了推薦服務。具有黏著度的 app 能明顯地提升顧客的留存率。

操作變得越簡單，同時又能提供最大價值，則使用者體驗就越好，且越能沉浸於其中。從企業角度來看，這會減少消費者／使用者流失並提高留存率。值得注意的是，雖然我們所提到的一些內容可以改善使用者體驗，但出色的設計和可用性仍然是最重要的。人們喜歡與使用精心設計的產品；相反地，人們不喜歡設計糟糕的產品，而且還會拋棄它。同樣地，這與前面提到的 AI 的使用者體驗概念有關。

更好且更容易的規劃與決策

AI 有助於做出更好、更容易的規劃和決策。用 AI 進行規劃和決策的可能好處有：

- 簡化的、更準確的和自動化的規劃和決策制定

- 專業領域外的規劃和決策協助

- 更好的預測

- 避免分析癱瘓

- 去除非最佳化的選項與決策

實際例子包含：

- 自動的規劃與排程（*http://bit.ly/2wdEnmx*）

- 擴增智慧（*http://bit.ly/2HAmmW4*）

- 退休投資（*https://www.betterment.com*）和財產組合管理
  （*https://www.wealthfront.com*）

- 為銷售提供準確的房價預測（*http://bit.ly/2X4f9CS*）

- 共乘到達時間的預估（*https://ubr.to/2VNTFsB*）

對企業中的人們來說，AI 可以為公司的經理人創造更好的體驗。大多數領導者和經理人每天工作的目標，是發揮影響並推動企業成功，通常他們會採用策略性規劃和做出關鍵決策的方法。成功地完成這些事情，多半會帶來自我實現和滿足、獎勵和獎金、晉升、工作保障、股東和社會大眾的讚揚、以及同事和員工的尊重。AI 讓這一切變得可能。

當你能預測成果且不再盲目或直覺式決策，這感覺很好也更有自信，且能夠作出成功機率大且以資料驅動的決策，而其成果是可提前預測到的。缺乏創新、漸進式推進和維持現狀，都無法帶來這些好處也無法提升人類體驗。

更好的生產力、效率與樂趣

AI 可以在執行任務時幫助提高生產力、效率和樂趣。AI 的生產力提升和樂趣所帶來的潛在好處有：

- 更有生產力和樂在其中的工作（更好的工作）
- 減少完成任務所需的資源
- 增加效率
- 改善組織

實際例子包含：

- 擴增智慧（*http://bit.ly/2HAmmW4*）
- 影像標記與分類（*http://bit.ly/2HLprBu*）
- 電子郵件類別預測（*http://bit.ly/2VVzzBk*）

更好的學習與娛樂

AI 能夠幫助給人們創造更好、更有趣的學習成效和娛樂。AI 的學習體驗和娛樂所帶來的潛在好處有：

- 發現新的且更相關的媒體內容和娛樂的選擇
- 更好且更有趣的學習體驗
- 更好且更有趣的遊戲體驗

學習相關的例子包含了適應學習（*http://bit.ly/2Qk0Asn*）、差異化和個人化的學習（*http://bit.ly/2Espjpn*）

個人化媒體與推薦的實際例子包含：

- YouTube 影片推薦（*http://bit.ly/2XtbRfI*）

- 電影與電視節目推薦（*http://bit.ly/2wcaUt8*）

- 音樂與播放清單推薦（*http://bit.ly/2VN5AH6*）

- 新聞排行榜推薦（*http://bit.ly/30DNFGl*）

娛樂的例子包含：

- 適應性與 AI 的遊戲（*http://bit.ly/2QiWP6g*）

- 虛擬實境（*http://bit.ly/2WldY4O*）

- 擴增實境（*https://adobe.ly/2VZ87CF*）

既然我們已經定義了體驗與其概念、好處和例子，以及 AI 如何協助創造更好的人類體驗，現在讓我們看看人類與科技直接互動的介面。

體驗介面

大多數人都非常熟悉介面，提供了科技的使用者體驗。目前的前三名是網站、行動裝置和桌上型電腦。這代表，隨著不斷興起與普及的物聯網和連網硬體裝置，出現了許多新介面，像是個人助理（例如 Amazon Echo）、智慧家電、智慧家庭裝置（例如門鎖、燈泡、空調）、智慧汽車和其他創新的介面。

值得一提的是，使用者透過語音作為輸入的方法，正變得越來越普遍，且是目前發展的主流。在撰寫本文時，大多數 2 歲和 3 歲兒童幾乎現在都已經擅長使用手機和平板電腦（例如 iPhone 和 iPad）等數位裝置。他們有著以數位方式打字的經驗；更準確地說，在這些數位裝置的虛擬鍵盤介面上，輸入表情符號和其他內容。

現在想像一下，當年幼的孩子在很小的時候就像專家一樣使用科技，他們對於介面和與科技互動就是透過「說話」。他們只是四處走動，與一切事物交談就能進行操作。就時間和精力而言，什麼內容都須倚靠「鍵入」的想法既原始又浪費。當你可以用說的來輸入時，為什麼要打字？這聽起來是不是有點熟悉？當你可以寫電子郵件時，為什麼要花郵票、信封、紙張和時間來寫一封信？我們已經看到語音越來越成為主流，要看到其成為全面性主導的未來，可能並不遙遠。

總結一下，到目前為止我概述的兩個主要介面類別，是傳統的軟體介面與聯網裝置介面，這兩種類別的介面採用語音作為輸入和互動的方式正急遽興起。我們可以透過這些介面來讓使用者使用 AI 的相關功能。

目前的範例包含個人化、推薦、自動投資組合再平衡和投資，以及能包含見解的商業儀錶板。如前所述，還有其他進階應用，例如幫助盲人看東西、自駕車和 AI 驅動機器人。

值得注意的是，並非所有 AI 應用都有使用者介面，像是自動化，但大部分我們之前所討論的應用都有介面。

體驗經濟

能帶來卓越人類體驗的 AI 解決方案最有可能獲得成功。像 AI 此類的新興或是最先進的科技，能夠改善既有體驗、創造新體驗，並且減少壞體驗。

體驗經濟一詞是用來描述人們現在更喜歡花費時間與金錢在體驗上，而不是在產品或商品上。例如旅遊、去音樂會或體育賽事、跳傘、衝浪、與你喜愛的作者見面、觀看芝加哥小熊隊在睽違 108 年後贏得世界大賽（輕易地成為我人生中最棒的一次體驗）、以及任何你想得到的事。

這股浪潮主要受到千禧世代與更年輕的 Z 世代（1996 年後出生）族群所驅動。Z 世代是第一個真正的數位原生世代，他們佔了美國人口的五分之一（*https://bloom.bg/2EsS0Tp*）。其他研究顯示 74％ 的美國人喜歡購買體驗更勝於購買產品，而且 49％ 的 Z 世代與千禧世代族群會賣掉自己的家具和衣服，只為了能夠去更多地方旅遊（*http://bit.ly/2JYPdER*）。

為了能夠回應龐大的消費者體驗需求，公司越來越投入設計與促銷體驗。體驗商品也能成為差異化關鍵和競爭優勢產生器。在許多情況下，某些體驗已經存在且一直可取得，但未必為人所注意。體驗經濟能改善上述的問題，還能讓體驗更容易被安排、享受、和分享。這也代表了以體驗為中心的 AI 產品的好機會。

人們不只在找自己已有的體驗；反而更想要個人化的新體驗，這正是 AI 擅長的領域。像推薦之類的個人化功能，是驅動轉化率與增長營收的工具之一。同樣地，個人化體驗的潛力也是相當大的。AI 已經用於增進個人化數位體驗，但它也能用於客製非數位體驗。

設計思考

設計思考是一種以人為中心與以需求為中心的方法論和一套流程，對於解決定義不明確或未知的複雜問題特別有用，而這些與創新最相關（*http://bit.ly/2YKfKtD*）。它成為產品設計者與使用者之間的協作流程。設計思考的一個主要好處，是採用以人為中心的方法。設計思考的最終目標，是根據真實使用者的想法、感受和行為來打造產品。儘管這些概念自 1950 年代以來就已經存在，但是目前設計思考仍是一種流行且廣泛使用的技巧。

Tim Brown 認為設計思考的流程，是一個交疊空間的系統，而不是由一系列有順序的步驟，並且指出三個交疊的空間分別是靈感、構思、

和實作。他寫道（*http://bit.ly/2YKfWJn*）：「靈感是激發尋找解決方案的問題或機會」，而「構思是產生、發展、和測試想法的過程。實作則是從專案階段走入人們生活的路徑。」[1]

在制定 AI 願景和策略時，設計思考是一種非常有用的方法。設計思考能有助於解決科技問題，但你也可以將其擴展到解決科技和產品之外的問題。我在這裡簡要說明互動設計基金會所提出的五階段設計思考流程（*http://bit.ly/2YKfKtD*）方法論。這個組織和許多人都是從史丹佛大學設計學院（最頂尖的設計思考教育機構）獲得設計思考的方法。

設計思考的五個階段是**同理**、**定義**（問題）、**構思**、**原型設計和測試**。這跟精實和敏捷產品開發方法看起來有點類似。這是因為它是一種相似的方法，只是用在產品開發流程前的設計流程。圖 9-1 顯示了設計思考流程。

設計思考是一個非線性且反覆的過程。它始於同理人類及其需求或他們有的問題。它是一種身歷其境在問題發生實際環境中、與人們一起探索。一個關鍵的技巧是撤除所有的假設，以便更了解使用者與其需求。

定義階段，正如同它字面的意思，它的關鍵特徵是問題定義應該採用「以人為中心」的問題陳述。此階段是接在同理階段所做觀察結果後，再進行綜合分析。定義階段是構思階段的基礎和賦能者。在構思階段，從使用者及其需求所產生的理解，來快速產生想法，且「跳出框架思考」來解決問題陳述所定義的問題。

1　*Change By Design：How Design Thinking Transforms Organizations and Inspires Innovation*。New York：Harper Business。2009 年

設計思考：一個非線性的流程

透過測試
了解使用者

測試後產生專案
的新點子

同理使用者
需求，協助
定義問題

| 同理 | -> | 定義 | -> | 構思 | -> | 原型設計 | -> | 測試 |

從原型激發
更多新點子

測試後所得見解，
用來重新定義問題

INTERACTION DESIGN FOUNDATION | INTERACTION-DESIGN.ORG

圖 9-1　設計思考流程（來自 Design Thinking：A Non-Linear Process, by Teo Yu Siang and the interaction Design Foundation. 版權許可：CC BY-NC-SA 3.0。最初刊登於 *http://bit.ly/2YKfKtD*）

構思階段可以採用多種構思技巧，例如腦力激盪、書面腦力激盪（腦力書寫（Brainwrite））、最差設想（Worst Possible Idea）和 SCAMPER。前三個階段完成後的產出，將成為建構低成本與小規模版本產品的基礎。這想法類似於 MVP。在這種情況下，原型通常是使用常見設計工具打造而成的，而不是實作出真的軟體產品。原型是用來進行試驗以迭代地找出問題的最佳可能解決方案。

原型設計階段也有助於發現可能的風險，和產品中尚未考量或未發現的限制與顧慮。它還能透過讓真正使用者使用產品，尤其是了解他們使用產品的行為、思考，和感受，來提高產品成功的可能性。

最後是測試階段，但請記住整個設計思考的流程是迭代不是線性的。
測試階段通常會修改問題陳述，以及了解使用者和其使用條件。最終
目標是盡可能深入了解產品與使用者。設計思考應該促進以人為中心
的方式，將問題空間映射到解決方案空間，如果做得好，應該能產生
滿足人類需求的成功產品。

結論

本章的主要內容是 AI 絕對有能力兌現提供更好的人類體驗的承諾。
確保這一點的首要方法是了解實際使用者的需求、欲求和喜好，然後
應用設計思考等以人為中心的方法，來建立能成功交付的 AI 願景和
策略。

在討論 AI 在醫學和其他領域改善生活的潛力時，*MIT Technology
Review* 的編輯 David Rotman 指出，如果 AI 不是用來嘉惠更多的
人，就有可能引起公眾不滿。他寫道：「危險之處並不是直接的反彈，
而是無法再擁抱和投入科技的豐富可能性。」

我完全同意這樣的觀點。AI 的主要重點和目標應該是盡可能幫助更多
的人，而隨著 AI 科技進步，AI 將繼續創造更好的人類體驗。我們現
在已經說明了所有制定成功 AI 願景的基礎，這也將有助於建立 AI 策
略。第 10 章總結了本書的第二部分，並用一個例子來說明制定 AI 願
景與由此產生。

AI 願景範例

前面已經談完 AIPB 和如何建立 AI 願景的細節。接著讓我們用一個假設的例子來建立一個 AIPB AI 願景。

此處 AI 願景範例的靈感,來自於著名的廚師兼餐廳老闆 Grant Achatz,他因其位於芝加哥的餐廳 Alinea 而聞名。根據《Restaurant》雜誌的全球 50 家最佳餐廳(*http://bit.ly/2Rua7NT*)的評比,Alinea 被評為美國第二好餐廳和世界第七名。在本書出版時,Alinea 已連續八年獲得米其林三星(*http://bit.ly/2LfsncC*)!

很不幸地,Achatz 先生在 33 歲的時候被診斷出罹患舌癌第 4b 期。雖然大多數腫瘤專家告訴他,唯一的治療選項需要切除 75% 的舌頭,且會永久喪失味覺,但芝加哥大學醫學系的腫瘤專家 Everett Vokes 卻提出了另一種創新療法選項。他計畫以保留 Achatz 的舌頭與味蕾為目標的標靶化學治療與放射線治療,最後證實有效,雖然此方式確實造成了暫時性味覺喪失(*https://n.pr/2WXucSJ*)。但 Achatz 現在已經完全痊癒了(*http://bit.ly/2N4VVMG*)。

Achatz 的味覺最終恢復了,且他的故事充分說明了 AI 的未來性。讓我們基於這個例子,建立一個 AIPB 願景。如果口腔感測器能夠結合 AI 演算法,去繪出感官輸入到我們所稱的味覺呢?讓我們試試使用 AI 創造一個數位測繪,類似於讓我們味覺起作用的一種化學感官機制。我們想做這個來幫助像 Achatz 一樣失去味覺的人。

時間 - 空間的感覺與知覺

人類會感知到很多如苦、酸、鹹、甜、辣與金屬等味道。這是由於化學物質接觸到口腔中某些神經細胞，接著又觸發其他神經細胞。大腦最終會接收這些資訊，並且感受到「味道」，或者也稱風味 [1]。

Jeff Hawkins 在他的著作《On Intelligence》中提到：「你聽見聲音、看見光線、和感受到壓力，但在你的腦中，這些不同類型的資訊本質上並沒有什麼差異⋯⋯你腦袋知道的是模式。你對於世界的感受與知識，就是從這些模式建構而成⋯⋯所有進入你腦海裡的資訊都是以空間和時間的模式出現在神經軸突上」。

人類常常將我們感覺和感知的能力視為理所當然，且可能認為我們的大腦以某種方式直接看到、聽到、嚐到、聞到和觸摸到。然而我們的大腦實際上存在於寂靜和黑暗中，藉感覺器官接收信號模式，並通過大腦深處的大量神經元和突觸（更多資訊，請參閱附錄 A）才能間接感知。這些空間和時間模式的信號，在大腦接收它們時，僅是一種神經元刺激。換句話說，大腦翻譯了這些刺激，成為我們看到的影像（舉例來說），即使這些刺激對大腦來說一點都不像是我們所看到的影像。這就像電影《The Matrix》（駭客任務）中的流動符號，以及它們實際上代表著其他事物一樣；在此例中，即母體中所發生的事。

所有的這些例子都非常類似於人工神經網路和深度學習的運作。接收輸入（在此例中，感知到的化學物質觸發神經刺激信號），接著神經網路產生諸如預測或分類之類的結果。然後，輸出可能是某種特定聲音、氣味、感覺、視覺影像或味道。

1　*https://www.ncbi.nlm.nih.gov/books/NBK279408*

AI 驅動的味覺

我們非常想創造世界上第一個科技、AI 驅動的味覺感知機制，來幫助那些不再能有味覺的人。假設以前從未有類似的產品或技術。展望未來，我們將此解決方案稱為 Tasterizer，並且假設公司的名稱是 Tasty Co.。

請注意，我們在沒有進行任何評估或制定計畫的情況下，要有一個初步的概略願景。我們還不需要做這些。

回想一下 AIPB 框架，如圖 10-1。

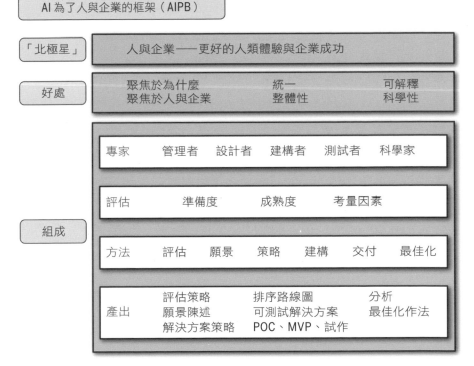

圖 10-1　AIPB 框架

我們從「北極星」：更好的人類體驗和企業成功開始。本例中的願景將如何達成這兩者呢？答案很幸運地相對簡單。恢復味覺顯然會帶來更好的人類體驗，所以這個問題就解決了。

而發明這個假設解決方案的企業，能夠以多種方式取得企業成功，不只是在銷售相關的層面上。有這類產品的企業和其員工，會因為產品能夠幫助有需要的人而感覺非常好。這是一個雙贏的局面。他們也會很開心地知道自己能夠真正創新並創造新產品、商業模式，且因此獲取新市場。當然，還有明顯的商業利益，如銷售額與營收（假設這個例子有夠大的市場來支撐這個業務，而且是先行者）。

我們現在已經概略地識別出對人和企業的好處，並且能繼續往下一步去制定願景聲明。請記住所有相關的、AIPB 建議的專家們都應該共同合作，以發展每個 AIPB 方法論組成階段的預期產出。對於願景階段來說，這包含管理者（商務人員和領域專家）和科學家（AI 實作者）。不要使用最高收入者意見（HiPPo）方法和委員會設計，而且強烈推薦像**翻轉教室**（*flipped classroom*）這樣的概念。讓所有會議成為高生產力、有效，和真正協作的會議，而不是單向講授和學習會議。讓每個人都提前知道如何加快速度，最好以最少時間和精力的方式來配合繁忙的時程。

也請在 AIPB 方法論願景階段，及從第 2 章介紹的 AIPB 流程類別中所推薦的構思和願景開發類別。推薦的方法包括設計思考、腦力激盪和五個為什麼。請注意，這是一個概略且非常簡化的例子。在真實世界中若要使用 AIPB 制定 AI 願景，應該要涵蓋我們迄今在本書討論過的所有與願景相關的內容。

一切就緒後，這就來建立我們的願景聲明。

我們的 AIPB 願景聲明

對於那些失去味覺能力的人，Tasty Co. 正在幫助人們恢復味覺，讓他們再次品嚐食物和飲料（對於人類的**為什麼**）。這使得 Tasty Co. 能夠藉佔領全新的市場來創造新的收入，同時擴大我們對人類健康有益的產品組合（對於企業的**為什麼**）。我們能夠透過獲得專利的 Taste-Fusion 技術達成這件事。該技術結合了最先進的微感測硬體和最新的 AI 技術，以將食物和飲料的化學物質映射到人腦感知的味覺（**如何**）。我們稱這個產品為 Tasterizer（**什麼**）！

我們可以根據特定受眾的需要修改此聲明，使其僅以人為中心或僅以企業為中心，但建立一個願景且識別出對人和對企業的**為什麼**是必要的，而這正是許多公司沒有做到的。正如 Simon Sinek 的名言：「人們不會對你做了什麼而買單，他們會對你為什麼這樣做買單」。確保你清楚地了解使用你產品的使用者會有什麼好處，然後根據它去建構一個卓越產品。

制定 AI 策略

利用我們對於如何建立 AI 願景的基礎知識，包含了過程中的重要因素，本書第三部分是關於制定 AI 策略以讓願景成真。我們聚焦在如科學創新、AI 的準備度與成熟度，以及用 AI 獲得成功的關鍵考量因素。你應該使用這些概念來執行 AIPB 定義的適當評估，並制定策略以填補落差和解決關鍵考量因素，以及制定有效的、與願景一致的 AI 解決方案策略和排序路線圖，以引導 AIPB 後續階段：建構、交付和最佳化。

Chapter 11

科學創新是為了 AI 成功

我們現在開始為制定有效的、與願景一致的 AI 策略打基礎。本章對於有興趣使用 AI 的高階管理人士和經理人來說非常重要，特別是對於策略性規劃和適當地設定期望這兩方面。

AI 是一個高度複雜的科學領域，主要由探索、實驗和無法預測的成果所驅動。因此，你應該將 AI 視為一種研發，且包含期望設定和預算。AI 這個領域不僅在研究上相當地活躍，且不斷地持續改善，應用越來越多元也非常快速。

高階經理人和管理者經常問我很多問題，像是 AI 可以為他們創造什麼價值（包括投資報酬率 ROI）、建構 AI 解決方案需要多少時間和成本、將達成什麼樣的解決方案成效、哪種 AI 技術或方法最有用，以及需要哪些確切資料來確保一定的效能水準。

就像許多研發提案一樣，大家很明白人們通常無法預先回答其中的許多問題（因為找到這些問題的答案正是研發的目的！），AI 也是同樣道理，但我發現大家對 AI 的看法並不是這樣。重點是 AI 是探索的科學領域，而不是設計和組裝。讓我們討論一下其中的原因。

AI 是一門科學

讓我們重新審視資料科學領域中「科學」一詞。我們大多數人都記得學校所教的科學方法。**牛津英語字典**對科學方法的定義如下：

> 自 17 世紀以來一直以自然科學為特徵的一種程序方法，包含系統性觀察、測量和實驗，以及假設的制定、測試與修改。

另一個相關的**牛津英語字典**對「實證」一詞的定義如下：

> 基於、關於或可由觀察或經驗來驗證，而不是理論或純邏輯。

最後，牛津英語詞典將「非確定性」定義如下：

> 屬於、涉及或指定一種計算模式，在其中的某些地方，有無法預測的前進方法選項。

這三個定義都適用於 AI、機器學習和資料科學。這些基於統計和機率的領域，本質上是科學的、實證的和非確定性的。這意味著在這些領域的成功不是來自邏輯、理論或純粹的專業，而是來自經驗、試錯和科學方法的應用，或者非常類似的流程。

這個領域就是這麼一回事。若沒有足夠的經驗、嫻熟，和成功開發應用所需的確切（或非常接近）資料與技術的能力（我們將在下一章中討論），AI、機器學習和資料科學這些領域，無法讓你知道你將得到什麼、你需要什麼、它將花費多少時間，和應用要花多少錢。在本章接下來的內容，我們使用「新 AI 專案」（包括機器學習）來代表資料團隊面對的專案，其所涉及資料和 / 或技術，在經驗、嫻熟和能力上相對較新。

以開發一個簡單的待辦事項清單的行動 app 為例。假設它所做的只是讓使用者註冊一個帳戶，然後使用 app 建立和管理待辦事項清單。

設計、開發和佈署行動 app 到 iTunes（iPhone）和 Google Play
（Android）應用程式商店都是相對確定的過程，並不需要科學方法
的應用，也不需要實證觀察和資料收集。UX 和 UI 設計師將設計出介
面和體驗，開發人員將根據設計和其他需求開發 app，QA 和自動化
測試人員將驗證 app 的品質看是否存在錯誤，最後，DevOps 工程師
將把 app 提交到應用商店以發佈。

假設你有一個經驗豐富的團隊，每個參與的人都能夠粗略估計開發行
動 app 所需的時間、精力和具體任務。這是技術開發中，具確定性和
非科學的一個很好例子。

相反地，當開始一個新 AI 專案時，如果不先獲取並探索資料，就不可
能知道需要做多少資料準備（例如，清理、處理）。同樣地，不可能知
道目前可用的資料（準備好與否）是否非常適合解決手邊的問題，或
它需要額外的資料處理、特徵工程和資料擴增。確定所有這些事情需
要探索、實驗和經驗。讓我解釋一下為什麼。

在 AI 和機器學習的情境中，有一個經常被提及的概念，稱之為**易處
理性**（*tractability*）。**韋伯字典**將易處理定義為「易於處理、管理或
精煉」，它與「可塑性」一詞同義。若說有些問題是「不易處理的」，
這意味著它們非常不可能去解決。在 AI 和機器學習中，不易處理的專
案或任務，通常是由於選擇了錯誤的方法（即模型、演算法或技術），
或沒有「對的」資料或特徵。尤其要用特定的方法和資料去建立合適
的模型時，特別明顯。如深度學習等進階的技術，若具有特徵擷取能
力，就能克服一些難以處理的問題；也就是說，深度學習不需要人去
手動進行特徵選擇和特徵工程，但在其他情況下，可能需要更多和 /
或更好的資料或更適合的演算法。

還有一個概念叫作「沒有免費的午餐定理」，它主要是基於最佳化的數
學理論（*http://bit.ly/2Fs01sh*）。許多人將此定理用來說明機器學習應

用中，無法提前知道哪個確切模型和模型的組態將在特定應用上表現最好。你必須經歷一個實際驗證（實驗）過程才能確定這一點，即使找到了表現良好的模型，也不能保證它是表現最好的模型。幸運的是有很大的市場需求，驅動著 AI 工具供應商和機器學習從業者，來協助解決 AI 開發的這些難題。尤其是為了協助加速探索式發現流程的工具正積極地發展中，這類工具將能夠用來評估初始模型的表現、能夠了解手邊的資料是否能夠滿足任務，並且幫忙更快地選擇最佳的模型或演算法。

對於一個新 AI 專案（如同前面的對「新」的定義）而言，要求預先知道所有事情，包括時間、成本、效能和需求，只會導致失敗和失望。不理解這個的話，通常會導致利害相關者設定了不正確的期望，而且高階管理者不是完全否決推進這些提案，就是花費過多的時間來做出繼續進行的決定。所有這些都可能導致錯失機會、延誤成本代價以及在競爭中失利。

另一件需要考慮的事情，是從 80/20 柏拉圖法則的角度來看待這個問題；也就是說，80% 的目標（足夠好）模型效能相對容易實現（例如，通過模型選擇和模型參數設置），但另外 20% 在不確定和不可預測的時間、成本和努力（例如，資料擴增、特徵工程）基礎下，需要加倍努力才有辦法實現。確切的比例將取決於具體應用是什麼，以及效能對於它有多重要。並非所有 AI 解決方案都需要相同水準的效能（例如，醫療診斷 vs. 產品推薦）。

鑑於本節涵蓋的內容以及整體而言，包含像 AI 等科學領域的創新，應稱為科學創新。簡單地加上「科學」這個詞更貼近現實，且應該有助於適當地設定期望，這樣才能帶來更成功的新提案。這是我創造的一個簡單公式，我認為它最能代表這個概念：

科學＋實證＋非確定性＝科學創新的成功

科學創新需要轉變心態和方法，就好像從瀑布轉向敏捷一樣。由於瀑布式開發的重大失敗，以及了解精實和敏捷方法相對於瀑布式的許多好處，公司已經或仍在進行（可能需要一段時間）這類的轉變。儘早採用科學創新的心態和方法是 AI 能成功的關鍵。

TCPR 模型

到目前為止所描述的一切都相當重要，因此我提出了一個模型和一些比喻，來更好地說明這一切。當談到新 AI 專案時，這些問題是我在一開始最容易聽到的。

- 多久才能夠有解決方案，而且會花費多少時間與成本？
- 解決方案的效能會有多好？
- 為了能夠達到期望的效能（需求），你會先需要什麼？

所有這些問題統合起來就是在問：在開始一個新 AI 專案之前，且在無法先了解可得資料的準備度與品質的情況下，我想知道我確切會得到什麼、花費多少、需要多長時間，以及需要哪些確切的資料（還記得「對的」資料嗎？），來確保風險減輕、準時交付和最後的成功。

不像傳統商業智慧（BI）能預先知道資料的數量，對於新 AI 專案，我們通常無法提前回答這些問題。這裡的關鍵詞是「已知數量」。在第 12 章中，我們會討論能提前回答這些問題的能力實際上是一個成熟度函數，我也創了模型來說明這個它。

現在，讓我們解釋一下為什麼這些問題對於新 AI 專案來說非常困難，有時甚至不可能提前回答。我們把它放在專案管理的情況下也是有類似情況。專案管理領域通常會以範圍、成本與時間所組成的三角模型來探討特定專案品質水準。它是平衡的，因為三角上的任一元素都無

法在不影響或調整其它元素的情況下進行改變,所以三角模型實際上是平衡的,或者說是一個平衡的方程式。圖 11-1 顯示了這個三角。

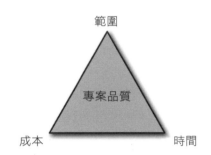

圖 11-1　專案管理三角

如果你並不熟悉三角模型,可以想想它的概念是如果其中一個元素是固定的(由於預算考量,最常見的是成本),那麼另兩個元素便為權衡的槓桿。在固定預算(成本)的情況下,資源(人)的數量因為預算關係也是固定的,因此在一定時間內可以完成的工作量(範圍)僅能如此。

要求工作更快完成(更少的時間)必定需要增加成本,因為需要更多的人來減少交付時間(假設增加更多的人將減少交付時間—但實際上不是如此)。另一種情形是要求完成更多工作(擴大範圍),在固定數量的人員(成本)下必定需要更多時間。

所以總結一下,這是一個平衡的系統;也就是說要求擴大範圍或減少交付時間,只能透過增加相應成本來實現。非常關鍵的一點是,這僅適用於具確定性的專案。換言之,它們不落在科學創新的範疇。事實上,只是簡單地投入更多資料科學家,並不見得能讓 AI 和機器學習專案有進展,也不見得能讓模型效能提高到可接受水準。

有鑑於此,回到所提出的問題。我建立了一種新的、更適合且與 AI、機器學習和資料科學相關的模型。其組成是時間、成本、效能和需

求，統稱為 *TCPR 模型*，如圖 11-2 所示。再把以下問題用 TCPR 模型來看一下：

- 多久才能夠完成解決方案，而且會花費多少時間與成本？

- 解決方案的效能會有多好？

- 為了能夠達到期望的效能（需求），需要預先明確地準備哪些事情？

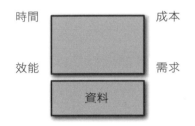

圖 11-2　TCPR 模型

TCPR 模型代表了所謂的不確定性系統（即存在多個解），一個著名的工程例子是計算桌子四腳的受力。

除非桌子和地板在完美狀態，否則不可能桌子四腳同時受力，因此大部分的桌子是把重量散在三個桌腳上的（想想你遇過的那些搖搖晃晃的桌子）。這就是使它成為一個不確定性系統的原因。相對地，三腳桌代表一個**確定的系統**，因此就像專案管理三角一樣是平衡的且可預測的。

請注意，TCPR 模型是以資料為基礎。這是相當關鍵的一點，因為如果不初步了解可用的資料源和資料欄位，那麼談論上面四個與 TCPR 相關的要點也是沒有意義的。它們都依賴於某種程度的資料發現、探索和理解。

這值得我們以另一種方式重述。想要決定 AI 解決方案的 TCPR，需要先有資料（不管是什麼資料），還需要一些實際的探索與實驗。這是使

AI 和機器學習具不確定性的部分原因。讓我們透過幾個比喻，來幫助你更了解 TCPR 模型背後的概念和對於預先取得資料的依賴。

TCPR 模型的比喻

我們用一個比喻來幫助說明。想像一位烘焙師傅喜歡製作新的、花俏的，和作法繁複的蛋糕，放在她的麵包店賣。一群知名美食評論家會對蛋糕進行一到五顆星的評分。如果平均評分夠高，烘焙師傅將獲得非常有聲望的烘焙獎。

讓我們用 TCPR 模型來討論這個問題，請記住，以下要點用烘焙為例可能很清楚，但用在 AI 上對許多人來說卻可能不那麼清楚。因此下面以烘焙來說明。

時間與成本

精確的烘焙時間非常重要，因為時間過短或過長，都會破壞蛋糕的品質和最後的星級評定。雖然時間很重要，但烘焙師無法提前確定烘烤蛋糕的準確時間，因為這將取決於最終原料的選擇和比例（食譜），且需要多次烘烤試驗才能計算出。直到最後食譜確定之前，蛋糕的確切成本也是未知的。

同樣地，除非一群實作者曾經用過相同的資料完成過相同的事情，否則開發和佈署一個新 AI 解決方案所需的確切時間和成本，是不可能事先知道的（成熟度的衡量標準，在第 12 章中討論）。在獲得資料後，他們可以開始用不同的模型和技術做實驗，以更有把握地確定可能的時間和成本。只有他們有自信確切知道可以取得什麼資料，和是否適用該應用的時候，才可能根據經驗給出一個大概時間。

效能

評論家的個人評分和蛋糕的整體平均評分非常重要。可以說，烘焙師傅無法預測評論家的個別或整體的平均評分如何，但她能去烘培出她認為最好的蛋糕。即便如此，烘焙師傅與各評論家之間的品味可能會有不同（如「頂尖主廚大對決」節目），所以平均分數幾乎不可能事先預測。

同樣地，AI 工程師無法提前保證新解決方案的結果（例如模型效能）有多好，也無法保證百分之百的預測準確性。首先，沒有任何預測模型是 100% 準確的。其次，不可能事先知道哪種模型或演算法的效能最好，或者資料是否適足以滿足期望的目標效能。需要資料和時間來試驗各種演算法，才能更好地了解可實現的效能。

需求

最終食譜和烹飪方法（例如時間、溫度、烤箱上下層）相當影響評論家的個別和平均評分。儘管如此，確切的材料、每種材料的數量以及烘焙方法，都必須透過實驗和試錯來實證確定。如果最後的蛋糕沒有從評論家那裡得到夠好的評價，烘焙師傅為了她的顧客與未來的評論家們，仍必須調整成分以繼續改善。

同樣地，不可能確定新 AI 解決方案所需的確切配方（資料、功能和技術）是否能夠達到效能需求。需要資料和時間去實驗，才能找到效能最佳的方法。

依賴資料的比喻

人們常常會問為什麼需要事先得到資料才能回答有關時間、成本、效能和需求的問題。原因很簡單，我再用最後一個比喻來說明。在照相

機發明之前,家庭成員是用手繪畫像描繪的。我們可以假設所僱用的畫家沒有事先見過或看過家庭成員。沒有先掌握資料就要準確確定 TCPR 的要素,就像是要求畫家在沒有家人在場,或不知道家人長什麼樣的情況下畫一張全家福。

我發現這情境對於某些人來說是極其難以理解的。原因是許多人通常習慣於建構確定性的數位科技產品,例如行動 app、網站和 SaaS 應用。在這些產品中,軟體工程師選擇程式語言和「堆疊(stack)」,他們為應用撰寫程式碼(確定性的,且不涉及統計和概率)。他們所撰寫的程式碼,創建(create)、讀取(read)、更新(update)和刪除(delete)(CRUD)尚不存在的資料;也就是這不需要事先取得資料。

另一方面,資料科學家和 AI 工程師,不會開發像網頁和行動 app 這種創建資料的應用,而是訓練與最佳化以統計為基礎且對資料有強烈依賴的模型,而最好的演算法是不可能事先知道的。這就是資料科學家(和科學創新)不同於確定性數位科技產品開發之處,所以是非確定性的。

人類對於確定性的需求

想要一切都是穩定和可預測的是人類的天性,因此盡可能避免不確定性,而且往往不惜一切代價。愛因斯坦尤其如此。基本上,他在獲得諾貝爾獎的光電效應(不是相對論)之基礎上,提出了量子理論與量子力學,這個效應指出光本質上既是波動也是粒子,稱之為光的波粒二象性[1]。

直到其他科學家基於他發現的光電效應時,愛因斯坦才意識到,大多數物理學和我們的宇宙是基於統計、機率、不確定性和缺乏因果解釋的。這讓他非常困擾而說了一句名言:「無論如何,我相信祂[上帝]不擲骰子。」

---

1 *https://www.scientificamerican.com/article/einstein-s-legacy-the-photoelectric-effect/*

很多人沒有意識到，大多數愛因斯坦的關鍵成就如光電效應、廣義相對論、狹義相對論等，都是在他年輕的時候發現的。他出生於 1879年，並在 1921 年他四十多歲時獲得諾貝爾獎。不過，他早在 1905年至 1915 年之間就已經發表了他的相對論。

從 1925 年起，愛因斯坦開始公開反駁和辯駁的量子理論的許多部份（他自己建立了量子理論基礎）。有人說，愛因斯坦生命的最後 30年被浪費了，因為他無法接受量子理論的不確定性和缺乏因果解釋。想像一下，如果愛因斯坦繼續他的工作並更願意接受不確定性，那麼他在那 30 年中將有更多其他額外的開拓、創新與發現。

結論

如果一切都是確定性的，那麼統計和機率領域將不會存在。現實世界和我們的宇宙在很大程度上基於隨機變數和事件，且使用統計、機率和其他非確定性的方法經常能得到最好的說明。堅持非確定性的事物要成為確定性的，就像試圖將一個方型積木放入一個圓孔中一樣。

這正逐漸獲得理解，這也是資料科學、機器學習和 AI 領域能夠呈現指數成長的部分原因。基於我的經驗，要達到每個人都能理解且覺得理所當然，還有一段路要走。而且正如我們將在第 12 章中看到的那樣，這沒那麼簡單。

AI 專案不確定性風險的程度與成熟度模型相關。一些專案可能較具確定性和可預估性，是由於有類似專案的經驗與技術能力，但也可以商品化。第 12 章會看到我為了說明這些概念而創建的模型。在我看來，創新、差異化和突破會獲得勝利，且通常是當旅程以不確定性展開和往未知跨越時。如果一切的事情都是事先完全知道的，其他人早就做過了。

如果你是從事新 AI 提案的決策者,那麼理解本章中的概念相當地重要,因為它們將幫助你的組織實現前進、創新、差異化、競爭優勢,並且最終獲得成功。它還能讓你設定適當期望,並且產生更好的共同理解。最後,本章是制定成功 AI 策略的第一步。AIPB 定義的下一步為創建 AI 策略,即下一章的主題,包含了 AI 準備度與成熟度的概念,正如 AIPB 所述,這兩者都是我們必須正確評估和規劃的。

Chapter 12

AI 準備度和成熟度

作為制定 AI 策略的一部分，以及為了從 AI 提案獲得成功和產生真正價值，公司必須具備一定程度的 AI 準備度和成熟度。我建立了一個 AI 準備度模型，這個模型把 AI 準備度分成了四個面向，另外我也為成熟度建立了三個相關的模型。

在本章中，會介紹 AI 準備度和 AI 成熟度，及其各自的模型。回想一下，AIPB 評估組成定義了三種類別：準備度、成熟度和關鍵考量。本章聚焦於前兩類，第 13 章則聚焦於關鍵考量。

你應該在 AIPB 方法論組成的初始評估階段，就評估這三個類別，這會產生評估策略。策略要識別 AI 準備度和成熟度的落差、要有填補落差的計畫，並解決關鍵考量，這些在實施 AI 提案時都應考量和計畫好。

現在就開始來討論 ΛI 準備度的概念。

AI 準備度

圖 12-1 顯示我所建立的 AI 準備度模型，第 3 章有簡單介紹過。

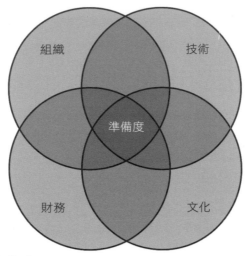

圖 12-1 AI 準備度模型

這四個類別—組織、技術、財務和文化—結合起來,是幫助組織的準備度並有能力執行成功 AI 提案的主要因素,因此可以挹注資源到這些機會上並獲得好處。AI 準備度是複雜的,正如你將看到的,有很多事情要考慮。

雖然在本章所說的「準備就緒」是理想的情況,但公司當然不應該等到實現準備就緒才進行 AI 提案。實際上,公司通常永遠無法達成本章 AI 準備度部分中討論的所有內容,但能識別並解決越多落差越好。

接著來依序討論準備度的每一個類別。

組織層面

我將 AI 準備度中的組織類別再細分成四個子面向。分別是組織結構和領導者、共同願景和策略、採用和一致,以及贊助與支持。

組織結構、領導者，和人才

組織結構、領導者和人才是 AI 準備度中重要的組成。具體來說，組織應該要能建構成在資料和進階分析上有強大的領導者，而且最好是在最高執行層。這個人的職銜可能 AI 長（CAIO）、分析長（CAO）、資料長（CDO）等。在我看來，資料和進階分析的領導者相當重要，所以我認為這是制定和執行任何 AI 願景和策略的硬性先決條件；事實上，這是本章中唯一的硬性先決條件。不過，我注意到這往往說起來容易做起來難。可擔任此類角色的領導者或管理級別的人並不多，而且某些預測指出此類人未來將日益短缺。

同樣地，在我看來，AI、機器學習和資料科學在組織上應該設在具有上述必要專業的執行領導角色下（不需要有 CXX 頭銜）。我個人不建議在軟體工程或其他產品開發部門下組織 AI、機器學習和資料科學部門。這些部門的領導者和管理者可能不具備必要專業，因此無法做出涉及關鍵 AI 考量和權衡，和迄今為止討論的所有關鍵決策。

大多數非資料科學家通常沒有相關背景知識和經驗，能理解資料科學和進階分析所需的一切。正如幾乎所有科技公司都有 CTO 一樣，認真想要使用 AI 和機器學習等技術來善用資料的公司，應該要有一個相應的分析領導者。尤其對於那些認真變得更資料驅動（data-driven）或資料知情（data-informed）的公司來說。

此外，最重要的是，資料和進階分析能力的領導者要把正確的 AI 專業和策略方向帶到公司最高層的討論中。此外，為了制定 AI 願景和策略，你需要確保每個人對兩者都有共同願景和理解，期望可以被適當設定和管理（如之前所討論的，考慮到工作的科學性質，這可能非常具有挑戰性）、有效地溝通提案進度，並確保追求對的機會。這包括確定這工作採用 AI 作為工具是否正確。當你只需要一個圖釘時，AI 可能是把大錘。具有適當專業的分析領導者，可以幫助確定 AI 是否能解決給定問題，或以獨特且有保證的方式提供某種使用者體驗。

如果沒有這種組織，負擔和責任就落在了個人貢獻者身上，無論他們是否具有適當的領導能力或商業技能。通常，以下情況會發生在沒有上述適當組織結構的企業中。在開始一個 AI 專案之前，CEO、CTO 或任何利害相關人，會在 AI 或機器學習實作者沒有先取得和探索可用資料的情況下，詢問「我將確切得到什麼、將花費多少、需要多長時間、需要什麼確切資料來確保減輕風險、及時交付和最終成功？」（是不是聽起來像上一章的內容？）

實作者回答，他們需要探索和分析資料，然後嘗試試驗許多不同方法，來盡可能實現最佳效能。這位高階經理人可能會回答：「太好了！那我到底能得到什麼，要花多少錢，需要多長時間，需要哪些確切的資料來確保減輕風險、及時交付和最終成功？」資料科學家已經夠像獨角獸了。不要再要求他們要去擁有他們可能沒有的企業領導能力和策略技能。確保你擁有適當的資料和進階分析的領導者，並依此建立企業組織架構。

這完美詮釋了一個能夠有效資料和進階分析的領導者所擁有的特徵與責任。大多數資料科學家和機器學習工程師都需要方向。不太可能只是把資料交給這些人，就能得到你想要的成果。在最壞的情況下，僱用了資料科學家卻沒有資料科學和進階分析專家背景的領導者，可能從一開始就注定要失敗。

這個人應在有效溝通、資料科學、進階分析與利害關係人管理方面的技能很強且具可信度。他們也應該具備我們在本書前面討論過的關鍵軟技能。AI 是一個非常動態的領域，每天都在變化並變得更加先進。擁有一位能夠跟上該領域趨勢和最先進技術，並且有能力確定如何利用這些資訊來建立最好的 AI 願景和策略，同時又能使提案往成功路上走的人是相當重要的。

鑑於 AI 和機器學習本質上的的複雜性和科學性，這位領導者必須能夠就科學性的複雜主題、以易於理解的方式、在商業背景下、和對高階

管理者最重要的事情，進行適當溝通和教育。這個人必須理解並避免「知識的詛咒」，這是一種偏見，導致人們認為知識較少的人可以像他們一樣理解某事。目標是不做任何假設，並以簡顯易懂的方式呈現複雜的資訊。

此人還必須擅長提供對 AI 提案、專案狀態的見解力，而且最重要的是，能夠適當地管理期望。期望管理是一項關鍵技能，特別是對於與資料科學和進階分析相關的科學提案。

除了前述職責外，此人還應負責資料和分析損益表（如果有獨立資料專屬的組織結構，則僅負責分析）、執行策略評估（如 AIPB 定義的那些面向）並制定相關策略、人才聘僱和發展、工具和最佳實務作法等。最後，人才也是 AI 準備度的關鍵要件，我們將在第 13 章討論。

願景與策略

制定 AI 願景和策略是 AIPB 的核心部分，並且一直是本書的主題。我們還討論了產生共同願景和理解的概念，以及它們能夠使得 AI 提案成功的重要性。

在這裡，我們從 AI 準備度的角度審視了願景和策略發展，因為需要一定準備度才能夠成功地建立與執行。有了適當的分析領導者，公司應該能夠制定以優勢為導向的 AI 願景和策略。如前所述，從大方向上講，願景涵蓋了某個特定 AI 提案的原因、方式和內容，以使人們和企業都受益。另一方面，策略則是執行願景使其成真。

這兩者都涉及為關鍵策略計畫建立適當的商業和個人使用案例。商業案例（business cases）是以商業層面解釋為什麼要執行該計畫，它應該概述提案的願景、目標和潛在投資報酬率。商業案例也可以包含識別和發展潛在新商業模式、產品和服務，和 / 或獲取更大的市場佔有率並擴展到新市場。

在你建立一個或多個商業企劃後,下一步是為特定的 AI 解決方案,去識別和明確指出個人使用案例。意思是找出因解決方案(或特定功能)受益的使用者、定義使用者用解決方案來完成特定任務的原因(好處)和方式(使用流程),並決定在預期場景中,所有可能的使用者互動的成果是什麼。

在產品管理上,假設已經建立了產品願景,則技術解決方案策略會具體呈現在排序產品路線圖和想法的清單中。解決方案策略應考量評估和相關的策略。對於 AI 解決方案是獨立的或作為其他應用的一部分(例如,自動化流程、擴增人工智慧、或與既有行動或網頁應用進行整合),策略將包含建立一個產品路線圖,最初的重點通常是先建構 MVP 或類似產出(例如,原型、概念證明 [PoC] 或試作),以測試風險最高的假設,確認產品與市場的契合度,並驗證使用是否如預期。

對於有時效性或需要定期協調的需求,以及必須開發、測試和佈署 AI 解決方案到生產環境的需求,你必須牢記前述資料科學和進階分析的科學性、實證性和不確定性。這很重要因為它會影響建立估算和交付時程的能力,它還會導致一定程度的預算不確定性,因為無法提前知道所需的確切資源(例如,用於模型訓練和最佳化的雲端運算資源),以及達到預期結果所需的時間。這全都需要共同願景和理解,以及適當管理重要利害相關者的期望。正如我們即將要討論的主題,提高成熟度將有助於減少一般的不確定性。

採用與一致

制定了 AI 願景和策略,從而確立了成功執行重要 AI 提案的目標和計劃,下一步是獲得全公司採用並調和這兩者,這意味著它必須成為「共享」的願景和策略。

新提案,尤其是涉及來自整個公司資料的提案,可能需要高階管理人員和多個事業處負責人的支持、參與和資源。例如,事業處負責人可

能包括 CEO、行銷主管、產品主管與銷售主管。採用意味著所有相關的利害關係者都對提案做出承諾，並對提案的某個方面及其整體成功負責任。

採用通常因利害關係者了解願景、價值（好處）和潛在投資報酬率。了解這些事情的利害關係者才更可能有興趣採用提案。

然而，採用是不夠的，保持一致也是必需的。一致性意味著所有利害關係者不僅共享相同的願景、理解和策略，而且在執行策略所需的內容、整個過程中的預期，以及最終實現解決方案及預期收益方面保持一致。這包括了誰負責什麼、可能階段和里程碑、重要可交付成果和參與時間上的一致。

贊助與支持

在有適當的組織結構和領導者，以及在全公司對於共同願景和策略的採用和一致的情況下，下一步是建立提案的贊助與支持。

贊助指的是讓重要利害關係者承諾在對的時間提供必要的資源（例如，錢、資料、人員），以確保提案成功。支持指的是在幫助定義需求、完成任務（例如，提供資料存取權限）、回答問題、根據需要進行協作、正確設定期望和溝通進度方面提供持續的支持。

技術

我將 AI 準備度的技術類別分為三個子類別：基礎設施和技術、支援和維護，以及資料準備度和品質（「對的」資料）。

基礎設施與技術

在 AI 準備度的基礎設施和技術要件是指擁有合適的技術資源和流程，其中包括雲基礎設施和服務（例如 AWS 和 GCP）、DevOps 和網站

可靠性工程（基礎設施即代碼；建構工具、整合與佈署；可擴展性）、監管和合規性（例如，GDPR）以及有效的軟體開發流程和方法（例如，敏捷、看板、CI/CD）。此類別還包括建置基礎架構元件所需的人員，以及可以在其上設計解決方案的人員。請注意，新 AI 提案可能需要一些新的基礎設施開發。

基礎設施還可以包括資料倉儲和（或）資料湖的設置和維護，包括所有資料取得、擷取、整合、萃取、轉換和載入（ETL）；萃取、載入和轉換（ELT）；和資料流水線相關的流程。

AI 準備度中的技術，代表對於特定 AI 專案，擁有核心能力和專業知識以使用必要技術。在 AI 應用的情境中，技術類別包括常見的程式語言（例如，Python、R、Java）、軟體套件和函式庫（例如，Jupyter Notebooks、TensorFlow、scikit-learn、Spark）、版本管理系統（例如，Git）、測試工具（例如，A/B 測試）和資料庫（例如，PostgreSQL、Hadoop、MongoDB）。

這個清單並不詳盡，但已經相當長了。這就是為什麼建構一個軟體解決方案之所以困難的部分原因。

支援與維護

在開發任何 AI 解決方案（以及一般的軟體解決方案）之後，都需要對其進行支援和維護。需要定期監測這些解決方案，以確保正常運行和系統的健康程度。

對軟體提供支援包括建立流程以獲取有適當嚴重性標記（例如，嚴重、高、中、低）的錯誤報告、徵求和取得客戶回饋和新功能請求、以及處理客戶服務的請求。當獲取到任何一種狀況或請求時，如果要採取行動，就應該建立一個系統來追蹤進度，並提供可見性，以便向請求支援的人傳達進度和更新狀態。

此外，通常有多種級別或層級的支援，代表解決特定問題需要各種層級。最後，支援可能受服務水準協議（SLA）的約束，因此必須遵守特定的回應和解決時間，否則將面臨某些處罰。

維護解決方案代表處理相關的支援或加強，並進行適當的修改或改善，然後把它們佈署到正式環境中。此外，程式語言和軟體（例如函式庫、框架）通常會定期更新。因此，程式碼也應該定期更新，以善用最新的程式語言、軟體和框架，其通常會進行改進，例如錯誤修復、效能和安全性的增強。

維護也包括減少技術債務和改善非功能性需求，例如可擴展性、可靠性和可維護性。應始終將時間（通常為 20%）分配給軟體開發團隊，以持續從事此類維護工作。與支援一樣，系統和流程應該到位，以便持續有效地執行這兩項工作。

資料準備度與品質（「對的」資料）

本書前面詳細討論了資料準備度和品質。擁有「對的」資料是 AI 準備度中技術類別的關鍵要素。回想第 4 章，我使用了「資料準備度和品質」一詞來統指以下：

- 足夠的資料量

- 適當的資料深度

- 具有良好平衡的資料

- 高代表性且無偏差的資料

- 完整的資料

- 乾淨的資料

如果需要，你可以到第 4 章複習相關內容。

財務

我將 AI 準備度的財務類別分為三個子類別：預算、競爭性投資和優先順序。

預算

人員和技術需要花錢而且需要資源。在這種情況下，預算是指用於如人力和技術等資源的資金。

AI 提案也需要花錢，你需要為這些成本編列預算。從 AI 準備度的角度來說，意思是應該提撥資金用於實現公司的 AI 願景和策略。一個十分常見的挑戰是，AI 提案可能需要來自多個部門負責人提撥預算，而公司通常未必能輕易處理這種情況。獲得各部門的支持和承諾，為同一提案貢獻預算資金是一項跨功能的工作，可能非常具有挑戰性，因此也與 AI 準備度要件中的贊助和支援有高度相關。造成這種情況的部分原因是不同部門有不同的目標，以及潛在價值和投資報酬率可能不容易透過量化的方式，劃分到特定的部門上，這意味著對於該部門來說，損益的影響可能不是直接或期待的，而這樣的情況可能會阻礙進展。潛在收益和投資報酬率應該以公司整體來考量，而這應適用於任何跨功能形式的創新和轉型。

假設行銷部門正在支持一個新 AI 提案，因此願意分配預算給它。該提案可能需要 IT 部門貢獻一定數量的基礎架構與人力。通常不同的部門目標不同，因此它們通常具有不同的優先順序和提案計劃。這可能會對一致性、優先順序和預算產生挑戰。這是在資料和分析領域擁有強而有力的領導者十分重要的原因之一。這個人應該負責產生我們已經討論過的共同願景和理解，因此幫助跨部門的人看到提案對他們部門的價值，而更重要的是對整個公司的價值，並且最後獲得必要的認同與參與（例如，金錢、時間和資源）。

競爭性投資和優先順序

根據公司大小及其內部部門,除了需要處理的公司層級的高優先提案外,通常在每個部門內還有許多不同的潛在提案需要排序。這都會導致資源競爭;因此,需要圍繞著競爭性投資做出財務決策和優先排序。

似乎沒有什麼比關於提案將帶來多少利潤的論點更令人信服且更能成功地獲得資金投注於提案。換言之,能提出令人信服的 ROI 估算(可能的話)是相當有效的,這也包括構築一個故事,來有效說明提案將如何產生所提出的 ROI。在這種情況下,說故事通常是一項關鍵的技能,當然擁有資料和進階分析能力的領導者也很關鍵。

文化

我把 AI 準備度的文化類別分為四個子類別:科學創新和突破、直覺式資料驅動、行動就緒和資料民主化。文化準備度主要是關於創造一種文化、思考方式和一套既定的流程,來支持和促進實行資料驅動提案,例如與 AI 和機器學習相關的提案。

科學創新和突破

公司通常不會安排或鼓勵創新和突破。許多公司大多受到公司利潤和成長等短期、逐季度收益的激勵和驅動。這通常會導致漸進式思考和行動,並且意味著顯著的進步和改善可能需要很長時間。

就 AI 準備度來說,建立一種創新和突破的文化,對於制定與執行 AI 願景和策略十分重要。在保持漸進思考的公司中,創建這種文化可能非常具有挑戰性,而且通常會承受很多反對的力量。建立這種文化是從大局、長期和高風險與報酬的思考模式開始。它也始於有意願變得敏捷和具實驗性。

請記住，你可能擁有非常敏捷的競爭者，他們從一開始就優先並接受了創新和突破的文化。堅持現狀和漸進式思考是落後且放棄競爭力的最快方法。

此外，大型企業公司通常有「購買優於自建」的心態─「比方說，當可以買現成、受歡迎的 CRM 產品時，為什麼要投入時間、金錢和資源來客製進階分析呢？」這樣的心態是錯的。

當試圖向人們推銷資料科學和進階分析的想法時，這種情況一次又一次地出現。我聽過像是「可是 XYZ 已經有分析儀表板」之類的話。雖然這可能是真的，但內建分析功能的第三方工具為了迎合大眾的需要，功能通常很一般，且不會根據你的企業或需求進行客製。如果你正尋找初淺的見解，那麼這是適合你的分析解決方案。但是如果你想要差異化、非常深刻且有可行動見解，而且想要有能力做出預測並自動為你採取最佳行動，那麼請不要用現成的。事實上，AI 和機器學習代表著遠比傳統分析更好甚至是它所無法達成的機會，而且完全適用於整體企業。你應該像行銷和銷售一樣，將 AI 和機器學習作為一種新的核心企業能力。你越認為你的公司是一家資料公司，且將資料視為核心優勢，那麼你的公司就越卓越。

許多人沒有意識到的另一件事是，藉由產生更深刻的見解，你可以更輕易地在潛在的新商業模式、服務和產品上發展新想法和策略。你還可以找到創新方法來佔領新市場並擴大現有市場，而這是傳統分析無法協助你實現的。

擁抱科學創新和突破的公司最有機會實現差異化，同時也產生競爭優勢。AI 在這方面代表了巨大的機會。創新構築了進入的門檻，提供同質化的保護，並終將增加你獲得長期成功的機會。截至 2018 年，市值排名前十的上市公司中有七家是科技公司，且它們最近取代了之前前

十名的主要老牌公司，包括 ExxonMobil、Gerneral Electric、Wells Fargo 和 Wal-Mart[1]。

直覺式資料驅動

某些物理定律，例如描述重力、運動和電的定律，通常是採用阻力最小的路徑。人類也不例外，因此決策通常完全受到經驗和過往先例所驅動；比方說，過去在類似情況下發生的事情、簡單的分析和直覺。儘管使用這種方法已經成功地做出了許多決策，但我們若將資料整合到決策中，不只可以顯著提高成功率和成果，而且以分析為基礎的決策還可以預測決策可能的影響（例如，投資報酬率）。換句話說，它帶來了更好地理解狀況和預先確切成果進行計劃的能力。

這裡非常適用資料驅動和資料知情的概念。在某些情況下，沒有必要或不可能僅根據資料（資料驅動）就做出決策，但如果可以的話，我們絕對應該將資料和分析納入所有重要決策（資料知情）的過程中。它所帶來的成果幾乎肯定更好。

成為資料驅動的組織需要文化和思考方式的轉變，以及資料民主化的轉變。如果沒有存取「對的」資料和適當分析、產生見解以及從這些資料中採取行動的能力，人們就無法做出資料驅動或資料知情的決策。公司必須為此目的大力投資於適當技能的人才（例如分析師、資料科學家、AI 和機器學習工程師）。就資料和分析的投資價值及其潛在報酬而言，這又是一種文化轉變，並且應該優先考慮。

行動就緒

「行動就緒」意思是致力於優先考慮產出可行動的見解，然後願意採取為了實現潛在價值和益處所需的行動（例如，做出決策、擴增智

1　https://en.wikipedia.org/wiki/List_of_public_corporations_by_market_capitalization

慧、自動化）。這樣狀態屬於文化的範疇，而且不能有所誇大。對於任何具體的目標，例如增加收入，公司可以制定各種提案來幫助實現目標，也通常有多種手段可以使用。這包括有能力創造尚不存在的創新手段（即產品、功能、服務）。如果沒有人願意利用這些見解所建議的任何手段，那麼產生高度可行動深刻見解也就沒有多大意義了。

我不會在此處詳細說明可以採取的行動類型，因為非常的多、各公司不一，且在許多情況下還依產業和功能部門有所不同。重點是如果你的公司要在文化上準備好追求產生深刻可行動見解，那麼也要在文化上準備好採取適當的行動。

資料民主化

如果資料是孤立且無法取用的，那麼資料就不是太有用處。許多公司通常各部門各自成孤島，尤其是各部門資料。部門負責人經常會持「這是我的資料」的心態和方法。先澄清一下，其所持有的都是公司的資料，且唯有資料與其它資料結合，且在不會違反資料治理、隱私與安全的情況下，被能夠從中受益的人使用時，資料才是最有效的。

破除孤島並使資料民主化吧。這很關鍵。我並不是建議你明天馬上建立一個資料倉儲或資料湖（我也見過這成為採用進階分析的障礙），但要努力確保公司裡每個可以受惠於資料的人，都可以使用到相應的資料。不僅如此，可以考慮讓資料可以為外部所取用（當然要有道德的，且不違反前述考量的因素下）。

刊載於《MIT Sloan Management Review》的「Analytics As a Source of Business Innovation」（*http://bit.ly/2Rtx7ws*）一文中，作者討論了普利司通公司想要如何利用共享的第三方資料（例如，來自汽車製造商的資料），並且透過鼓勵與提醒消費者，在問題發生之前進行輪胎檢查、更換新輪胎與其他服務，來進行主動銷售；換言之就是預知保養。

輪胎製造商目前無法知道哪台汽車的輪胎已經行駛了多少英里，但資料民主化可以改變這一點，而這個想法適用於許多產業和公司。

就像許多事情一樣，資料民主化比孤立與受限更好。要達到這點需要文化轉變與從直覺轉成資料驅動。部門負責人和任何試圖做出有效和改善公司決策的員工，都應該本能地想到存取相關資料來獲得見解和產生成果，並這樣做。

現在讓我們換個角度，討論在 AIPB 和評估下的 AI 成熟度

AI 成熟度

AI 成熟度與成功發展和執行 AI 願景和策略高度相關。我建立了多個與成熟度相關的模型，我們將在本節中介紹這些模型，其中兩個我在第 3 章中便已經介紹過。

我將 AI 成熟度分為**資料成熟度**和**分析成熟度**兩個子類別。這是因為特定資料和特定分析的角色、流程和工具可能不同，而且每個的相應成熟度也可能不同。

資料成熟度代表擁有越來越進步的資料獲取、收集、處理、整合和分析最佳化的儲存基礎（資料流水線和基礎設施）。分析成熟度是指應用越來越先進的分析技術到既有與新的資料上，範圍從簡單和傳統的分析（例如，統計分析、視覺化、描述性分析和商業智慧），到更複雜的進階分析（例如，AI、機器學習、預測性分析，指示性分析）。為了使討論單純化，除非另有說明，否則我會以「AI 成熟度」來含括資料成熟度和分析成熟度。

在具體討論與資料和分析相關的 AI 成熟度之前，先來討論我所創建的一個較通用的技術成熟度模型，如圖 12-2 所示。它為 AI 成熟度模型（圖 12-3）所涵蓋的不同區塊，提供了衡量成熟度的標準。

通常，我把技術成熟度作為各個成熟度特徵（即成熟度衡量標準）程度的混合。具體來說，就是把技術成熟度定義為在某個特定時間點、對於某個技術領域或技術的經驗、技術熟練度和技術能力程度的綜合衡量；我們這裡技術領域和技術便是 AI。圖 12-2 顯示了這個成熟度模型。

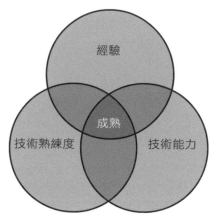

圖 12-2　技術成熟度混合模型

經驗代表相關團隊在所涉及的技術領域或技術方面擁有的經驗總和；技術熟練度是衡量團隊善用某種技術領域或技術（例如，深度學習、強化學習、自然語言理解）相關的進階，和最先進工具與技術的能力。技術熟練度通常與團隊和個別成員的經驗直接相關（例如，可能只有一名團隊成員知道如何使用強化學習技術）；最後。技術能力則是衡量成功執行與交付相關提案和專案的能力。

每個成熟度特徵對技術成熟度綜合衡量的影響比例可能有些主觀，且會根據技術的進步不斷改變。下面是我建立的一個公式，用來說明根據該模型提高技術成熟度會增加確定性和信心（還記得科學創新和 TCPR 模型嗎？），並最終獲得更好的成果與成功。

　　　↑成熟度＝↑確定性與信心＝更好的成果與成功！

在前面模型中所強調的技術成熟度組合為前提下，成熟度可以透過特定領域（在本例中為 AI）、預先定義的熟練度來逐步衡量。圖 12-3 顯示了我創建的一個模型，以 AI 成熟度的角度來說明這一點。

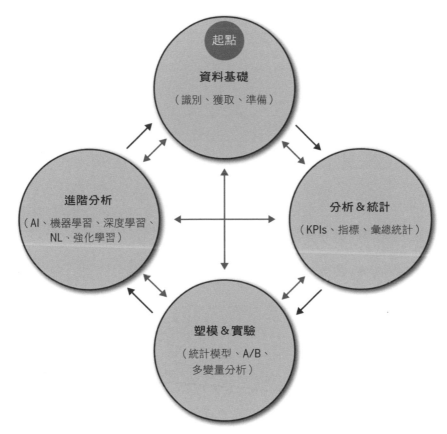

圖 12-3　AI 成熟度模型

根據模型所示，起點是建構資料基礎，逐步增加分析的熟練度，如深色單向箭頭所示。建構資料基礎代表能夠進行識別、獲取、和準備「對的」資料。獲得資料包含可能從不同來源與系統補捉與整合資料。

在建立部分或全部的資料基礎之後，我們可以把衡量 AI 成熟度視為一種從傳統分析和統計到更複雜的建模和實驗，最後到進階分析的進程，而其需要最先進的 AI 和機器學習技術。

就像馬斯洛改變了他對各層次依嚴格有序的方式提升的想法一樣,我不認為在進入下一個成熟度之前,特別是在開始使用 AI 與機器學習之前,必須先獲得模型對於每個成熟度定義的所有能力。此外,雙向箭頭表示每個熟練度的產出,可以某種方式影響或驅動一個或多個其他等級。例如,所有三個分析程度類別都可以產出資料,並且這些產出的資料可以整合到你的資料基礎中。同樣地,AI 和機器學習應用產生的成果,應該能用傳統分析和統計來理解,特別是當解決方案影響了關鍵成功指標和 KPI 時。

圖 12-4 顯示了我建立的最終成熟度模型,即創新不確定性風險 vs. 報酬模型,其與 AI 成熟度高度相關。它代表了一個非技術性、策略性和聚焦企業的視角。

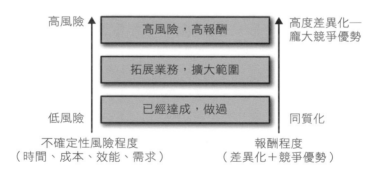

圖 12-4 創新不確定性風險 vs. 報酬模型

該模型顯示了技術的成熟度(這裡的技術指的是 AI)作為創新不確定性風險與報酬的關係,其中不確定性是跟時間、成本、效能和需求有關(即 TCPR 模型!),而報酬是差異化和競爭優勢。

正如之前討論過的,時間和成本不確定性應該是顯而易見的。效能不確定性是指 AI 和機器學習應用的效能評估是以錯誤為基礎的(例如,準確性,雖然並非所有應用都是可以容忍錯誤的),其解決方案可能是一個預測模型。相較之下,行動 app 等更具確定性的應用的效能是基

於 KPI 或 UX；例如，轉化率、客戶留存率或愉悅。最後，需求不確定性是關於達成目標效能所需的資料、特徵和技術。

請注意，我試圖從模型中省略了特定資料和特定主題領域（例如 ETL、A/B 測試、AI）或任何特定技術。我這樣做是因為今天的新興或最先進的資料與分析技術，可能未來就被商品化、自動化或過時。成熟度是一個不斷變化的目標，且是特定技術領域的；意即，與深度學習等 AI 技術相比，你可能在商業智慧方面有不同成熟程度。

在各分析成熟度等級，「已經達成，做過」代表低不確定性風險，因此很容易估算特定專案的時間、成本、效能和需求。這是因為已具備了有效消除不確定性和相應風險所需的經驗、成熟度和能力。這也意味著所使用的技術和產生的成果可能會被商品化，且對於產生顯著差異化和競爭優勢沒有幫助（如果有的話，報酬最低）。

BI 是一個很好的例子，雖然過去很常見，但沒那麼容易。某些產業以非常緩慢的方式朝著 AI 準備度所述的資料與分析文化進行轉變。在這些情況下，顯著的 BI 能力便能創造比競爭者更好的競爭優勢。

「拓展業務，擴大範圍」是建立在現有資料與分析經驗、熟練度，和能力的基礎上，來提高其中一個或兩個面向的成熟度過程。因為有新領域的探索、實驗和不可預測的成果，這通常意味著不確定性風險的增加；換言之就是科學創新。這也代表產生更大的差異化和競爭優勢的可能性更高。

最後一個類別，「高風險，高報酬」。如其所述，它代表著冒險和賭博，冒險進入未知領域，突破界限，以及任何其他類似的方式來追求真正的科學創新，以獲得潛在的巨大報酬。這指的是領先與作為先驅者採用新興與最先進的技術，而非做為一個追隨者。

這也代表著承擔大量的不確定性風險,但會帶來豐厚的報酬。創投公司的運作方式就是一個很好的例子。大多數策略投資都預期會失敗,但那些成功的通常會帶來極大的報酬。對於成功的創投來說,那些成功所得的報酬足以大大抵銷失敗的投入。製藥公司的研發專案也是以同樣方式在運作。

關於這個模型,最後需要注意的一點。是模型乍看下指出低不確定性風險總是意味著普遍商品化的資料與分析技術和能力,反之亦然。實際上來說,由於許多因素的影響並沒這麼單純。例如,一些科技巨頭(如 Google、Amazon)在某些 AI 和機器學習技術方面擁有豐富的經驗、成熟度和能力,因此它們的不確定性風險較低,但這些技術在一般市場還遠未普及。因此,該模型是一個相對模型,更適用於大多數非 AI 科技巨頭之外的公司。

結論

如 AI 準備度模型所示,我們將 AI 準備度分為四類別:組織、技術、財務和文化。如內容所述,雖然公司不太可能在所有類別都完全「準備就緒」,但你仍然應該繼續 AI 提案。我們還從不同的概念和多種模型定義了 AI 成熟度,特別是技術成熟度混合模型、AI 成熟度模型和創新不確定性風險 vs. 報酬模型。

在往前邁進之前,過度聚焦於資料和分析成熟度的必要和漸進步驟,就像是自己建立了進入障礙一般,而且其中一些障礙可能需要很長時間才能打破(例如,建立資料倉儲)。請立即開始,並且根據需求和期望成果做出決策,而不是根據你資料和分析的成熟度。

關鍵是評估你的 AI 準備度和 AI 成熟度,作為 AIPB 方法論組成中評估階段的子階段,然後識別落差並制定計畫來解決落差。為了幫助完成你的 AIPB 評估並建立評估策略,我們接下來將討論 AI 的關鍵考量因素。

Chapter 13

AI 關鍵考量因素

本章涵蓋 AIPB 評估部分的第三類也是最後一類：在制定 AI 策略時，你需要考量並計劃的許多關鍵因素。準備度、成熟度和關鍵考量因素評估，應作為評估方法階段的一部分加以完成，以便創建你的評估策略。圖 13-1 顯示了我們在本章中介紹的具體關鍵考量因素。

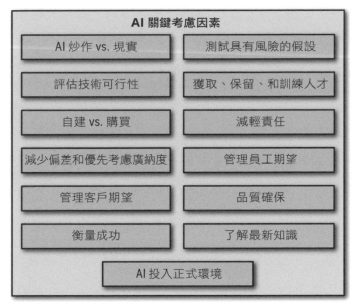

圖 13-1　AI 關鍵考量因素

圖 13-1 中未提及的其他關鍵考量因素，是道德和人類價值觀。你永遠不應該忽視這兩件事。AI 的解決方案應該以合乎道德的方式進行設計與建構，才能造福人們。把這些作為基本考量因素，再來討論其他關鍵的 AI 考量因素。

AI 炒作 vs. 現實

很多人對 AI 的印象非常接近或已經實現了 AGI（人工通用智慧）。這是由於我們在科幻電視節目、電影和漫畫書中看到的一些內容。《魔鬼終結者》系列電影就是一個經典例子，其他很好的例子還有《人造意識》、《西方極樂園》和《星際大戰》中的 C-3PO。

這些不正確的印象很大程度上是由於產品行銷、過度承諾以及許多人和公司傾向於將任何事物稱為 AI —我統稱為 *AI 炒作*。你在軟體產品中經常看到這個，尤其是 SaaS。在儀表板中有一些指標，並不代表就已經可以稱擁有 AI，但許多公司仍持續宣稱其「使用」或「擁有」AI 來進行分析，但這類分析卻都沒有複雜到需要使用 AI。「真正的」AI 是由機器展現智慧的行為。如果機器不學習以產生某種程度的理解，然後用學到的知識做某事，它就不是 AI。

AI 的現實狀況如同本書前面所討論的，它目前主要只能解決單一且高度專業化的問題。在撰寫本文的時候，AGI 仍有很長的路要走。在我們的有生之年，AGI 或許永遠不會成為現實。

AI 作為一個領域也仍處於起步階段，現實世界的使用案例與應用每天都在增加。AI 正在快速地發展，而且正有許多重要的研究在進行。關於 AI 的一個主要問題是目前的技術（如深度學習）是否可以面對多任務工作，並且最終達到 AGI 的程度，或者是我們需要找到並開發一種尚不存在的全新 AI 方法。AGI 還與用於自動化與擴增智慧的 AI 問題有關，目前大多數高階管理人和公司對擴增智慧比對自動化還感興

趣。此外，還有一個非常有趣的東西，稱為**自動化悖論**（*Paradox of Automation*，*http://bit.ly/2xcktsk*）。悖論是說，自動化系統若是越有效，操作人員的貢獻就變得越重要。

舉例來說，如果自動化系統發生錯誤（機器永遠不會完美；存在錯誤），錯誤可能會成倍增加或失控，直到它被修復或系統被關閉。因此，需要人類來處理這種情況。想想你看過的所有電影或電視節目，其中一個自動化流程（例如，在太空船上、在飛機上、在核電廠中）失去功能，人類因而被派去尋找解決方法，並且英勇地解決問題。

最後，鑑於所有 AI 的炒作和工具的擴散，有些人似乎認為啟動一個 AI 專案應該相對地容易，並且他們可以很快獲得巨大的收益。現實情況是規劃和建構 AI 解決方案是困難的，而且人才嚴重短缺。總體而言，資料科學家和機器學習工程師嚴重短缺，尤其是那些擁有 AI 專業知識和技能的人。

即使你擁有合適的人才，AI 提案仍然很難成功實行。也就是說，透過高度客製與難以建構的 AI 解決方案來進行，將很可能產生顯著的差異化與競爭優勢。第 12 章中介紹的創新不確定性風險 vs. 報酬模型即強調了這一點。

此外，還沒有太多建構多種類型 AI 應用或存取、移動和準備資料的簡單自動化方法。幸運的是已有新自動化工具、遷移學習等技術和共享模型，可以立即被使用或者稍作修改便可以提供足夠的準確度。

此外，要從 AI 取得龐大收益可能要耗費大量的時間、精力和成本。而且其中的一些成本還是沉沒成本，耗費在不成功的專案上。還有，雖然有很多人致力於簡化 AI 以普及化使用，但 AI 研究和技術仍然相當地複雜。你可以快速地瀏覽一下發表在康乃爾大學 Arxiv 數位圖書館的一些最新 AI 研究論文。

一個值得一提的概念是 *AI 寒冬*，它指的是對 AI 投入資金與實際應用的興趣發生縮減的一段時期，有時這種縮減相當顯著。自 1970 年代初以來，已經出現了多輪 AI 寒冬。造成的原因有很多，我們不會在此討論。不過，AI 寒冬的概念，其炒作週期會影響技術和產品對 AI 的成熟度、採用與應用狀況。

這定律當然適用於 AI，這也是我們在撰寫本文時，看到 AI 炒作如此多的原因。AI 肯定有著為人和企業帶來真正價值的巨大潛力，但完全實現 AI 所有潛在能力、應用、好處和影響，我們還差得很遠。對於可能因炒作導致未能滿足預期而產生另一個 AI 寒冬，知名 AI 專家 Andrew Ng 不認為還會有重大寒冬出現（*http://bit.ly/2L7Tkz3*）。這是因為 AI 已經走過了漫長的道路，現在正以創新、令人興奮和擴展的方式在現實世界中證明其價值。

測試具有風險的假設

人們總是對許多事情做出冒險的假設。在建立公司、產品和服務時，假設通常代表潛在的風險，若產品或服務不對的時候即風險增加，影響了潛在的成本（例如時間和金錢），以及缺乏產品與市場的契合度和採用率等。與技術和創新相關的常見假設和風險類型是圍繞在價值、可用性、可行性和商業可行性四個方面上。相關問題包括：對於「xxx 技術產品或服務」，是否具有足夠的價值去購買或使用它、使用者是否能夠在沒有任何幫助的情況下理解它和知道如何使用它、是否可以在既有資源和時間的情況下將它建構出來、此產品是否能成功契合市場並盈利、我們能否執行成功的上市策略？

Segway 就是一個很好的例子。Dean Kamen 和許多其他人認為該產品將顛覆和改變大量人的交通方式，因此迅速做了大量的產品。Segway 產品發佈的公眾炒作似乎也支持著這一個假設。雖然 Segway

仍然成功銷售到一些相當特別的應用場景，但是他們肯定沒有像
Kamen 和他的公司當初所希望的那樣產生巨大影響和銷售。

當確定 Segway 的假設並不正確時，已經花費了大量的時間、金錢和
其他資源。據估計，研發成本約為 1 億美元（*http://bit.ly/2X01uvM*）。

再討論一個 AI 的例子。2017 年初，一個 6 歲女孩在與 Alexa 對
話說到玩具屋和餅乾，卻意外訂購了 170 美元的玩具屋和 4 磅餅乾
（*https://fxn.ws/2Zzej1M*）。在這種情況下，一個潛在的風險假設是消
費者知道並且會為這些裝置進行安全設定（例如，增設密碼或關閉語
音訂購功能），以防止兒童意外訂購。

MVP 的概念源於精實製造和軟體開發，它提供了一種機制來幫助降低
風險，並最大限度地減少不必要的時間和成本支出。主要想法是應盡
快地開發出最少量的 UX 和軟體功能，然後交付給使用者，以便正確
地測試風險最高的假設，並且驗證產品與市場的契合度和使用者愉悅
度。MVP 試作的回饋和指標將用來推動迭代改進，直到產品或功能已
「去風險」。在開發 AI 解決方案時，你應該使用此框架或類似的敏捷
和精實方法。

評估技術可用性

我們在本書前面詳細討論了人們和企業利害關係者的不同目標。儘管
在現實中，相關的討論仍只在大方向上，但作為驅動真實世界 AI 解決
方案的高層次目標，必須細化成更小的目標或提案，才會更適合指引
所使用的技術方法。

例如，機器學習模型在基礎上無法直接增加利潤或降低成本。根據所
選的技術和所使用的資料，機器學習模型進行預測、決定分類、評估
機率、和產生其他的輸出，所使用的資料必須適合並且適用於每種可

能的輸出類型（即「對的」資料，本書稍早已經介紹過）。再者，每個輸出類型能用來達成相同目標，雖然是以不同角度（通常有不止一種的方法可以完成工作）。確定使用哪種方法和輸出類型來最好地達成更細化的目標（例如，個人化的 podcast 推薦），這反過來會有助於達成高階的企業目標（客戶留存），以及確保所採用的資料是「對的」，這就是技術可行性的內容。

假設我們的高階企業目標是留住客戶。我們接著假設，由商業人員、領域專家和 AI 實作者所組成的協作團隊，決定了用 AI 來個人化 podcast app feed，是具有最大潛在投資報酬率和留存率的選項。在這種情況下，在個別使用者 feed 上所看到的 podcast 會基於預測模型，計算出個別使用者喜歡它的可能性（機率）來進行顯示與排序，或者根據能夠將每個 podcast 進行關聯性分類的分類器，將同類內容不排序地全數列出，亦或者使用其他方法來進行推薦。

關鍵是必須由一個適當組建的跨領域團隊來進行技術可行性評估，來確定哪種方法能夠得到最好成效，以及資料是否能夠有助於完成目標。將技術可行性評估視為接下來與更細化的機會識別步驟。這個評估可能會需要準備資料，並且測試許多可能的選項（記住這是科學創新！）。

獲取、留住、和訓練人才

一個非常重要的考量因素是獲取和留住人才。AI、機器學習和資料科學是困難的，為了試著簡化和自動化領域的各個方面，還有許多正需要人和組織完成的工作。不過，它們仍然具有挑戰性，而且需要非常專業的專家與經驗。

一位理想的資料科學家是專家級的程式設計師、統計學家和數學家、有效的溝通者和 MBA 級別的商業人士。這樣獨特困難的組合（如獨

角獸般）很難從任何一個人身上找到。現實的狀況是人們通常擅長其中的一些事情，而不擅長其他的事情。此外，雖然大多數大學都提供資訊工程學位，但教育尚未趕上資料科學和進階分析人才的需求，因此有品質的學位課程並不多。

結果就是嚴重缺乏高能力和經驗豐富的人才。這包括領導者、管理者和實作者等。LinkedIn 在 2018 年 8 月報告稱，全國約有 152,000 名資料科學技能的人才缺口，而且資料科學的人才短缺成長速度（加速）超過了軟體開發技能的人才短缺 [1]。執行 AI 策略時，若內部沒有具必要專業、技能、和領導者，可能會導致提案不成功、產生沉沒成本和時間浪費。

作為一個花了很多時間聘僱資料科學家和機器學習工程師的人，我可以老實地說這並不容易。絕大多數申請者要不是剛從大學畢業，就是換跑道的。這種類型的申請人通常非常適合大型組織，具有所需基礎設施以培養和訓練初階人才。對於中小型資料科學團隊以及一般新創公司來說，召募需要的人才可能更加地困難。較小的公司也需要與大型成熟科技公司激烈地競爭 AI 人才。

對於許多中小型公司來說，好消息是許多資料科學家非常有興趣在有前景的公司裡工作，因其擁有極佳價值主張和文化。此外，人們常常希望能夠對公司成功有直接影響，因此會被較小的公司和資料科學團隊所吸引。符合這樣描述的公司應該相應地調整，以便能夠更好地吸引和留住頂尖人才。

另一個考量因素是僱用資料科學和進階分析人才是昂貴的，公司可能需要根據他們的需求和當時的人才市場花費大量資金。確保擁有最優秀的人才，從而獲得最大的成功機會和最大的報酬，這一點非常重

---

1   *https://economicgraph.linkedin.com/resources/linkedin-workforce-report-august-2018*

要。公司應相應地做好準備和編列預算。AI 人才並不便宜。《New York Times》和其他媒體發表了多篇關於 AI 人才成本相對較高的有名文章[2]。

鑑於 AI 人才的短缺、競爭和相對較高的成本，公司必須建立強而有力的招募、聘僱和（或）人員擴編策略。尋找和僱用人才時，需要考慮多種選項。很多包含典型的商業考量因素，例如僱用約聘或全職員工、用專業公司來擴編員工，以及僱用國內人才或國際人才。

值得注意的是，在組織外部和國外聘僱人才，可能存在著重大的風險，因為你會在組織範圍之外揭露與分享知識產權與資料，特別是不同國家有不同法律，你可能沒有足夠準備好監控它們。由於目前資料隱私與安全特別受到關注，包含須要遵守歐洲 GDPR 等法規，使得這個考量變得更加重要。

其中一些法規和標準非常具體地規定了誰可以存取敏感資料，以及他們可以如何以及在何處存取這些資料。對於不在同一個國家（區域）的公司的監控和控制可能變得更具挑戰性，因此你必須格外小心來確保信任、合規性和當責。無論你以何種方式尋找和聘用人才，請務必適當審查候選人和潛在合作夥伴公司，並評估和減輕任何潛在風險。資料與進階分析的強大領導者與專業是這裡的關鍵。

另一個需要考慮的選擇是**收僱**（acquihire）；更準確地來說，收購一家公司主要是為了獲取其資料科學和進階分析人才。收購可能需要大量資金並帶來一連串不同的挑戰，但卻可能是快速獲得人才的可行選擇，而且已成為許多公司採用的策略。

2　*https://www.nytimes.com/2018/04/19/technology/artificial-intelligence-salaries-openai.html and https://www.nytimes.com/2017/10/22/technology/artificial-intelligence-experts-salaries.html*

最後一個潛在的選擇是訓練內部人才，這可能是克服人才短缺挑戰的絕佳選擇。在許多方面，這是理想的選擇，但可能需要大量的預先訓練基礎設施的準備和開發、人才、成本與時間，尤其是在開發有效且結構化的課程時。

建立內部的進階分析訓練計劃，可以讓公司針對所需的專業和工具方面進行訓練。訓練內容應該包括程式設計、數學、統計學、資料科學原理、機器學習演算法等。

作為一個教過和訓練過上千人和從零開發出課程的人，說比作容易。選擇訓練這個方式也需要做出某些決定。參加訓練計劃需要什麼教育、經驗、技能和背景？這些東西如何評估的？最終，你要試著找到有潛力的，更勝於填補公司所缺乏的技能和專業知識。

其他需要決定的事情，是如何評估整個訓練過程中的進度和學到的知識，包括評估經手專案、最佳訓練時間以及受訓者是否應從事實際企業專案。你也必須確定員工在訓練後的發展路徑，以及是否會有持續的訓練。

發展一個有效且成功的訓練計劃是令人驚艷且有效的。隨著 AI 在工作場所越來越占主導地位，而工作者可能需要重新分配到新工作，因此會需要專業訓練。

有另一種作法或擴增課程的選項，是利用許多現有的線上訓練工具與課程（例如 MOOC）。

最後要注意的一件事，是除了聘僱和（或）增加員工人數外，員工入職、訓練、參與、指導、發展和保留也很重要。鑑於人才的相對短缺和競爭，應注意提供最佳的工作環境（例如，安全、多樣化、包容性）、文化和機會，以長期留住最佳人才。

自建或購買

在將技術用於產品、服務和營運各方面時，公司通常需要決定是否自建還是購買。這是一個非常合理的問題。

要得出「對的」答案並做出相應的決策，你可以使用常見的商業和財務分析技術，例如成本效益分析（CBA）、整體擁有成本（TCO）、投資報酬率（ROI）和機會成本估算。這些技術可能需要使用到財務估算和預測，可能是不精確且難以取得的。我認為在大多數情況下，你可以採更簡單的方式回答自建或購買的問題。

首先，是否有購買的選項？如果沒有，答案很簡單：你必須自建。其次，你想開發特定技術作為企業的核心部分，還是使用技術進行創新、差異化和產生競爭優勢？如果是，你必須自行建構部分或全部的整體解決方案。不過有件事絕對值得進行確認，那就是可否使用現有的任何東西，而無需重新再開發一次。在建構技術解決方案時，常見的選擇是在可取得且成本合理的情況下，使用開源軟體和其他工具（例如 API），尤其當相關軟體和工具是免費的時候。

如果創新不是你的目標，而你主要感興趣的是應用技術來幫助改善企業 KPI、或促進企業營運和流程，那麼透過購買可能的現成解決方案更有道理。在這種情況下，你需要非常認真地權衡購買收益與潛在劣勢，例如被供應商綁住、非常高的成本、資料所有權、資料可移植性和供應商穩定性。在極少數情況下，我會建議你採用不需要自己持有資料或能夠隨意移動資料的技術解決方案。

一般來說，我發現購入的方案很常導致劣質的產品，其成本遠高於自建的，且也無法根據你特定企業和需求進行客製。這也意味著你購買的標準化產品，也能為你的競爭者所用，這代表除非你可以更善於配置或成為超級使用者，否則你絕對完全無法取得任何優勢。

我總是驚訝於有非常多公司高階經理人會說他們必須增加銷售額和利潤、削減成本，並且真正讓自己與競爭者區分開來，但同時又想購買現成的解決方案及避免追求創新。有這樣想法的管理者越來越多，但是事實是你無法兩者兼得。他們還對特定產品或供應商的某些方面感到不滿意，並最終換成其他產品或供應商。我不停地看到這樣的狀況。在許多情形下，這些高階經理人更換的新產品或供應商又會出現他們以前遇到的相同問題，此循環一再重複。這樣的結果很快就會讓事情變得所費不貲，而且還會產生大量的非財務成本。當塵埃落定的時候，他們會寧願自建。

說到底這取決於你是想取得領先、產生差異化和真正強化自己獨特價值主張，還是只是單純想跟隨並做其他人在做的事。就像是**紅海和藍海策略**。紅海的特點是激烈與競爭和同質化，而另一方面來說，藍海代表新的、無競爭市場、不用競爭、和可以創造新需求，而非競爭需求的地方。

從這個方面來考量，這並不只是自建和購買的問題，而是領先或跟隨的問題。領導者自建，而追隨者購買，幾乎總是如此。同樣地，領導者透過創新和差異化成功地找到新利潤和成長機會，而追隨者則勉強維持經營和維持現狀。我認為在當今的技術時代，有一點相當的明確，那就是創新者和領導者會持續顛覆和取代現有企業和那些在創新和擁抱新興技術緩慢的企業。

最後，我們已經討論了科學創新以及 AI 和機器學習的科學性、實證性和不確定性本質。如果這些對你的公司來說是無法克服的挑戰，那麼追求 AI 提案將會非常困難。在這種情況下，使用資料仍然相當重要，並且應該更聚焦在同質的商業智慧和描述性分析的工具上，直到你能夠創新和建構而不是購買。

減輕責任

在資料和分析上存在許多潛在的責任和風險，包括與法規和合規、資料安全和隱私、消費者信任、演算法難理解、缺乏可闡明或可解釋性等。

先從法規和合規性開始討論。大多數的新提案主要是為了提高資料安全和隱私。公司發布隱私政策是標準的實務做法，但考慮到法律術語的使用，很少有人閱讀這些政策，也無法理解所有細節。

歐盟的 GDPR（*https://eugdpr.org*）是資料隱私法規的一項重大變化，於 2018 年 5 月 25 日生效。GDPR 目前僅適用於歐盟，但許多總部位於美國的科技公司在全球開展業務，因此需要符合歐盟的規定。根據官方 GDPR 網站的說法，更嚴格的資料保護規則意味著人們可以更好地控制自己的個人資料，企業也可以從公平的競爭環境中受益。

還沒看到 GDPR 是否會被美國採用，或者美國是否會建立類似的資料隱私法規。2018 年，加州通過了《California Consumer Privacy Act》（AB 375）（*http://bit.ly/2FtAKhb*）。這肯定會使美國更普遍地採用更嚴格的消費者隱私法規。

此外，對大多數消費者來說信任非常重要。消費者對資料信任，意味著消費者不希望他們的資料被使用在他們不知道或不會同意的方式。例子像是使用人們的資料只有利於企業而非消費者，以及把資料出售給第三方，卻沒有監督或在傳輸給第三方後關注其使用。

當人們覺得他們的資料沒有得到適當保護或使用時，就會發生客戶詢問與抱怨。缺乏消費者信任可能成為一種需要負擔的責任。以合乎道德的方式使用資料並尊重消費者隱私、安全和信任是非常重要的。再強調一次，目標應該始終是造福於人和企業，而不僅僅是企業。

我們可以通過透明度和揭露來建立信任。對客戶而言，要保持透明的可能範圍包括對企業本身的透明度—如何以及為什麼做出某些商業決策，以及對使用消費者資料的技術、演算法和第三方合作夥伴的透明度。這在保險、金融服務和醫療保健等高度監管的產業中尤為重要。

除了到目前為止討論的考量因素外，可解釋性、演算法透明度和可理解性在某些情況下也很重要。這幾個面向所代表的意思並不相同，因此了解這些差異很重要。可解釋性是用幾乎任何人都能理解的簡單術語來描述非常複雜概念的能力。這意味著放棄複雜的統計、數學和資訊科學術語，來換取易於理解的描述和類比。

演算法透明度意味著所使用的任何算法及其意圖、內在結構和輸出（例如，決策、預測）都應根據需要讓所有利害關係者（例如，企業、使用者、監管機構）可進行查看。這有助於建立信任與組織的當責力。

可理解性是指人們準確解釋某些演算法和機器學習模型如何進行預測、分類和決策的能力。有些演算法和模型很難被理解，即使並不是無法被理解，它們通常被稱為「黑箱」。這可能會引發一些問題；例如，某人因為演算法執行產生的決定或採取的行動，而決定起訴一家公司。

舉例來說，在法庭上，如果使用高度可理解的決策樹演算法做出決策，就很容易解釋演算法為什麼拒絕了一個人的金融貸款。另一方面，如果貸款決策是使用神經網路或深度學習方法（在附錄 A 中有更多內容）做出的，那就萬事休矣。因為你可能無法證明並說服法官確切做出該決定的原因，而這樣的情況對你是不利的。正是由於這些原因，雖然存在可能的模型效能損失，但在高度監管的行業中，通常會選擇高度可理解和可解釋的演算法而不是黑箱演算法

正如 Erik Brynjolfsson 和 Andrew Mcafee 在《Harvard Business Review》的文章（*http://bit.ly/2Xv1SGW*）中指出的，黑箱演算法的其他潛在問題是缺乏可驗證性和難以診斷。缺乏可驗證性意味著幾乎不可能確保所採用的神經網路能夠在所有情況下正常地運行，包括超出訓練方式的那些情況。根據應用的不同，這可能會帶來嚴重的問題（例如，應用於核電站）。

難以診斷是指診斷錯誤的潛在問題，有些錯誤可能由於一些近似的因素導致模型發生漂移，要能夠去修復它們。這主要是由於神經網路演算法的複雜性和缺乏可理解性。

雖然黑箱演算法有上述的潛在缺點，但神經網路和深度學習技術有許多顯著的優勢，足以超越它的缺點。其中一些優勢包括可能有更好的效能、能夠產生使用其他技術也無法實現的結果，和做到大多數其他機器學習演算法無法做到的事情（例如，自動特徵擷取）。意思是這種演算法不需要機器學習工程師手動選擇特徵或建立新特徵，以進行模型訓練。雖然可能不清楚所使用的神經網路自動生成和利用了哪些特徵，因此增加了神經網路的黑箱程度，但它可能是非常大的好處。在任何一種情況下，潛在缺乏可理解性和所討論的好處之間的權衡，都是你必須考慮的關鍵因素。

最後，一般錯誤通常是你必須考量的潛在責任，且在某些情況下，某些錯誤可能會導致生死攸關的後果。讓我們討論一下錯誤類型和潛在後果。正如本書前面所討論的，大多數 AI 和機器學習模型本質上都以錯誤為基礎的，意思是模型透過測試資料集進行測試時，模型會使用訓練資料集進行訓練，直到選定的效能指標（以及伴隨的錯誤）達到可接受的範圍。

根據應用的不同，可接受範圍可能代表 85% 能正確預測某事，或者可能代表要在較低偽陽性率（第一類型錯誤）和偽陰性率（第二類型錯誤）之間做出選擇。舉兩個例子來解釋這些錯誤類型之間的差異與其

潛在影響。第一個例子是垃圾郵件檢測；第二個例子是透過醫學測試診斷癌症。在垃圾郵件檢測案例中，如果電子郵件是垃圾郵件，則將其視為陽性，而在癌症案例中，當診斷出實際癌症時，測試結果將被視為陽性。當預測模型錯誤地預測陽性結果（在我們的例子中為垃圾郵件或癌症）時，會發生偽陽性（第一類型）錯誤，而當預測模型錯誤地預測陰性結果（在我們的例子中為非垃圾郵件或非癌症）時，會發生偽陰性（第二類型）錯誤。

在垃圾郵件檢測時，確保重要電子郵件落在收件箱比較重要，即使這代表會讓一些垃圾郵件進入收件箱。所以建構和最佳化模型的工程師會對模型進行調整，以偏向於發生偽陰性（第二類型）錯誤而不是偽陽性（第一類型）錯誤，因此某些電子郵件可能被錯誤地歸類為非垃圾郵件發送到收件箱，而非送到垃圾郵件箱。

然而，在癌症檢測和診斷中，這種權衡和決定更重要，且可能帶來生死攸關的後果。在這種情況下，最好錯誤地診斷某人患有癌症（偽陽性—第一類型錯誤）並最終發現這是一個錯誤，而不是告訴使用者，他們實際上沒有癌症（偽陰性—第二類型錯誤）。雖然前一種情況會給患者帶來過度的壓力、額外的費用和醫療檢查，但後一種情況卻可能導致患者離開醫院，在疾病未被發現和治療的情況下繼續生活，直到為時已晚。

在其他應用中，另一種類型的錯誤權衡是精確率 vs. 召回率。類似於前述的情況，我們必須決定哪一個對於結果來說更加重要。Google 的 Jess Holbrook 建議根據「納入更多對的答案，即使其中隱含較多錯誤答案（透過召回率進行最佳化）較為重要，還是以遺漏一些正確答案為代價，來最小化錯誤答案的數量（透過精確率來最佳化），較為重要」來進行決定[3]。

3　*https://medium.com/google-design/human-centered-machine-learning-a770d10562cd*

有許多類型的效能指標和錯誤與機器學習相關,如果沒有正確調整,有時會產生重大後果。高階經理人和管理者了解不同類型的潛在錯誤及其影響是非常重要的,因為大多數的實作者(例如資料科學家)通常無法適當地評估、管理或基於潛在風險做出關鍵決策。

減少偏差和優先考慮廣納度(Inclusion)

另一個關鍵考量因素(也是越來越廣泛討論的一個因素)是 AI 應用會學習和表現出的潛在偏見。這通常稱為**演算法偏差**,可能包括基於種族、民族、性別和人口統計的偏差和潛在歧視。顯然,你需要避免這種情況。

演算法偏差在很大程度上是資料的問題。資料會偏差是受到資料來源的因素和條件(例如,社會經濟和低收入社區)的影響,因此這不是 AI 本身的問題,而是資料體現了真實世界裡的系統性問題,再透過訓練帶入了 AI 解決方案。資料的偏差會以非常糟且不準確的方式表示特定人群,因此可能無法模擬出真實。資料在使用時若沒有仔細考量偏差,則可能會導致訓練出的模型做出非常糟且不公平的決定。這些決定會進一步使真實和後續資料產生偏差,因此產生負向回饋循環。

廣納也跟演算法偏差有關。從專案一開始就優先考慮廣納度是非常重要的。這意味著確保盡可能收集和使用越多樣化和廣納度的資料集越好。最終目標是確保採用的 AI 解決方案能為所有人帶來好處,而不僅僅是一個或幾個特定群體。

另一個考量因素被稱為**確認偏差**。確認偏差是如果人們夠認真看,那麼他們就會看到他們想看到的。一個關於確認偏差的例子是當你對購買新車感興趣,並且正考慮特定的品牌和型號時。此時處在這種情況下的人們,通常會開始注意到路上該特定品牌和型號的車子變多了,

而這樣將幫助確認他們自己所做的決定是對的。雖然該特定品牌和型號的汽車數量並沒有改變，且路上其他型號的車子也一樣多。

我曾看過多次在資料上確認偏差的狀況。這種類型的偏差以不同的方式發生。一種是人們簡單地認為資料支持他們的想法或假設，即使這樣的支持並不具體，而且很大程度上取決於解釋。另一種可能是資料以某種方式被操縱，僅包含支持的資料而其他資料則被捨棄。

不管確認偏差如何發生，讓資料告訴你它想說的，是相當重要的，特別是假設你或你的資料科學同事具有從資料中擷取關鍵資訊和見解所需的專業知識和技能時。知道採用的假設是錯誤的，與知道它是正確的一樣重要。了解資料包含哪些未經操弄的深刻見解是一個關鍵步驟，此步驟能夠以有意義、高價值和最佳的方式善用資料。

最後一種偏差是選擇（也稱為抽樣或樣本選擇）偏差。當使用統計、機器學習和預測分析等技術之前，資料沒有被適當的隨機化時，就會出現選擇偏差。缺乏適當的隨機化可能會導致資料不具有代表性，且無法正確反映完整資料母體。

管理員工期望

AI 容易讓一些人覺得殺手機器人將接管世界，或在不那麼戲劇化的情況下，他們的工作會被 AI 機器人或自動化所取代。因此，很可能會有員工對 AI 提案產生深刻的擔憂和抵制，特別是那些可能使部分或整個工作自動化的提案。

另一個潛在的員工擔憂是 AI 在某些應用中的使用方式和原因，是源於某些人的倫理、道德和價值觀。在某些情況下，員工可能會強烈反對特定的 AI 應用，並因此對公司提出抗議。

這裡的要點是,應該對這些潛在憂慮給予同理和體諒,並相應地處理。信任通常來自透明度,因此最聰明的方式,是教育員工為什麼要把某些 AI 提案作為整體願景和策略的一部分,以及員工可以期待什麼結果。出色的內部資料和進階分析領導者在此處非常重要,尤其是在訊息傳遞(傳達價值和願景)、影響、推廣和時機上。

管理客戶期望

如前所討論,AI 炒作在很大程度上遮蓋並且替代了當前最先進的技術和實際上的真實應用。其結果是許多人對 AI 的期望是不切實際的,這可能導致對 AI 既有的好處感到失望和缺乏理解。

炒作對人們看待和期待 AI 解決方案的影響,在 Amazon Alexa、Google Assistant 和 Apple Siri 等個人助理產品上尤其顯著。最初推出時,圍繞著這些技術的大量炒作和行銷,讓大家認為這些工具能夠執行大量有用的任務,並且還可以按照需求提供準確的資訊和答案。沒過多久,人們就意識到這些產品的能力相當有限,而且很大部分的請求是無法達成的,或者結果是錯誤的。此外,雖然這些裝置所提供的使用者體驗(例如對話部分)正在變得更好,但還是覺得不盡如人意。

為了讓這些個人助理真正實現炒作內容並滿足人們的期望,他們需要在自然語言理解(NLU)上進行重大改進,而這在 AI 上還是非常困難的問題。因此,期望應被相應地設置;目前個人助理能提供的功能,仍然相對有限,但新功能正在積極地開發中,且隨著時間,整體功能和實用性應該會顯著提高。

AI 和機器學習可以做很多事情,而且越來越多,儘管很多人仍不確定這些技術具體可以做什麼,或者我們如何在真實世界的應用裡使用它們。此外,許多人以非常狹隘的方式看待 AI,通常只是產業或企業特定領域或功能,因此通常是公司裡中某角色的職能。例如,如果你與

行銷人員談論 AI，他們可能會意識到並且聚焦於市場區隔、目標客戶和個人化。AI 和機器學習在行銷領域還有許多其他潛在用途，只是不總是那麼顯而易見。

此外，人們和企業通常並不明確知道他們想從軟體得到什麼或軟體有哪些可能性。Henry Ford 有一句名言[4]「如果我去問顧客到底想要什麼，他們會回答說要一匹跑得更快的馬。」這樣的回答可能是很多原因造成的，例如缺乏技術背景、缺乏想像力或不知道技術可以做到什麼。

這意味著大多數非技術人員在運用技術影響體驗與生活方式上，能力往往有限。因此，人們必須依賴那些知道如何設計和建構技術解決方案的人（包括那些使用 AI 的人）。然後確保我們尊重他們，且把人作為我們解決方案的中心。

基於這樣的想法會帶來一個可能的成果，也同時是關於客戶期望的另一個考量因素，那就是客戶可能會相信現成的軟體可以用來完成工作。在這樣的情境下，你可能會聽到如「我的 CRM 可以做到這一點」之類的話。但是在大多數情況下，CRM 實際上並無法做到這一點。雖然軟體可能還是能以外掛和模組形式來為一些特定的功能進行客製，但是為一般大眾所開發的軟體（例如 SaaS CRM）通常是為了吸引一般人而建構的。

所以無論哪種情況，大多數內建的分析都是非常通用的，且不夠客製化。透過與其他資料結合使用，資料有可能變得更有用，然而這對於沒有提供額外匯出和 ETL 流程的現成解決方案來說，通常是無法達成的。關於此處的討論，已經在自建 vs. 購買一節中充分討論過。

4　事實證明，沒有任何實際證據顯示他曾經說過這句話（*https://hbr.org/2011/08/henry-ford-never-said-the-fast*)），但這句話是一個很好的觀點。

品質保證

所有軟體應用程式都必須經過適當的品質測試。產業術語是**品質保證**或 *QA*。這在 AI 的解決方案（例如，產生可行動的深刻見解、增強人類智慧、自動化）中也是一樣。特別是，對於確保如預期的高效成果、和讓重要利害關係者與最終使用者對結果與可交付成果產生信心來說，品質保證十分的重要。

你是否曾經在有指標、視覺化資料和資料彙整的報告上，你或同事注意到其中一些值似乎不正確？然後產生報告的人檢查後，發現一組特徵值被計算了兩次、全被遺漏了、或者類似的錯誤。又或是資料彙整和轉換的邏輯可能不正確，因此產生報告的軟體無法運作。不管原因是哪一種，最能動搖人們對資料應用信心的，莫過於呈現不正確和到處是錯誤的結果。在這些情況下，創建一個成功的、讓人們依靠資料獲得見解的 AI 解決方案，可能會成為一場艱苦的戰鬥。

要在複雜資料查詢、擷取、轉換和彙整時發現此類錯誤，可能是非常困難的，並且通常需要大量的 QA 甚至手動計算來複製自動化分析，以確保一切都能被正確地計算。這還是假設上述方式可行的情況。

先前，我們探索了黑箱和複雜的演算法。在那些情況下，幾乎不可能進行 QA 並以任何其他方式重現它們所做的事情。正確性的唯一衡量標準可能是模型本身的效能，它會隨著時間而變化，甚至不適用於非監督學習的情況。在任何一種情況下，要保持利害關係者信心與促進資料知情和資料驅動文化轉變，及確保準確的分析、預測和其他基於資料的可交付成果都非常重要；換句話說，是讓人們變成依賴資料來獲得見解和進行決策。

衡量成功

成為資料知情或資料驅動的目的，不只是轉變原先依賴歷史先例、簡單分析和直覺的方式，而且還能獲得可行動深刻見解、並從關鍵企業提案中最大化成果和收益。應該在決策過程前後採用資料做決策。你應該使用資料來產生更好的決策和提出或自動化行動，你也應該使用資料來衡量所採取行動的有效性和價值。

鑑於資料在決策過程中的重要性，如果沒有衡量影響和成功與否，追求和佈署 AI 解決方案就沒有多大意義。換句話說，一定要知道你是否實現了目標，及是否實現了預期收益以及實現了多少。

在現實世界中選擇、建構和佈署特定 AI 解決方案之後，能夠衡量成功是非常重要的。有多種經常被使用的企業和產品指標（KPI）。讓我們先討論企業指標。企業指標是衡量企業狀態和健康的直接指標，可以是某一時刻的或追蹤一段時間，以做比較、決定趨勢和進行預測。這些指標主要基於公司財務和營運，且不以特定產品和服務範圍來衡量。

主要指標有：總營收、毛利、淨利潤、息稅折舊攤銷前盈餘（EBITDA）、投資報酬率（ROI）、成長（營收和新客戶）、利用率（用於計費時間）、營運生產力（例如，每位銷售員工的營收）、可變成本百分比、間接成本、和複合年均成長率（CAGR）。企業指標還有漏斗和售後指標，如有效潛在客戶率、客戶獲取成本（CAC）、月度和年度經常性營收（MRR、ARR）、年度合約價值（ACV）、客戶生命週期價值（LTV）、客戶留存率和流失率，以及潛在客戶轉化率等。

產品指標是那些用於衡量特定產品和服務的有效性和價值的指標，通常針對企業和使用者。這些指標非常適合更了解客戶參與度（產品互動的類型和頻率）、客戶滿意度和推薦可能性、客戶忠誠度以及由產品互動驅動的銷售（轉化）。

Dave McClure 創造了「Startup Metrics for Pirates: AARRR!!!」
（*http://bit.ly/2FtLrQK*）。這句話代表他建立的一個模型，用來驅動
產品和行銷工作的指標框架。「AARRR」代表獲取（acquisition）、
啟用（activation）、留存（retention）、推薦（referral）和收益
（revenue）。這是一種漏斗，代表了新探索未付費客戶透過轉化成為
付費客戶的旅程。

獲取是指使用者第一次訪問網站或下載 app。啟用是對產品的初次使
用有正向體驗並且願意再次使用。留存是重複訪問和使用。推薦是因
為非常喜歡某產品而告訴他人有關產品的行為，而收益指的是使用者
對產品付費而企業獲得收益。

雖然並非全部源自 AARRR 模型，但具體的產品指標還有：淨推薦值
（NPS）、app 下載量、註冊帳戶數量、每位使用者產生的平均收入、
活躍使用者、app 流量和互動（網站和行動裝置）、轉化（包含產生營
收和沒有產生營收）、可用性測試指標、A/B 和多變量測試指標，以
及許多與品質和支援相關的指標。

這些指標不僅對於衡量成功很重要，而且你可以將其中一些用來做為
訓練機器學習模型的特徵。例如，我們可以使用某些指標（例如與使
用者參與度相關的指標）來預測未來的銷售情況。這些指標還可用於
建立新的 AI 願景、推動決策和指導 AI 策略的修改，以提高成功指標
並最大化預期成果。

值得一提的是，你應該避免強調虛榮指標。這些指標看起來很棒，讓
人感覺良好，但對企業成果的影響很小。一個很好的例子是你或你的
公司在社群媒體平台上擁有的關注者數量。當然，越多越好，但這並
不意味著公司收益會跟你的追隨者數量成正比成長。

我想簡要地提及客戶滿意度概念來結束本節。這可以說是最難衡量的
事情，但卻是最有可能成就或突破產品或服務。人們為他們所喜歡的

產品和服務付費，並且會避免在那些不喜歡的產品和服務上花半毛錢。不僅如此，只是喜歡還不夠，尤其對於那些高級且相對更昂貴的產品更是如此，特別在激烈競爭的情況下，這些額外的花費必須有理由，讓使用者從喜歡到愉悅。人們會放棄有花俏功能的產品，只使用那些令人愉悅且愉快的產品。

保有最新知識

要在 AI 領域保有最新知識是非常重要的事情，特別是對於那些想要建立公司 AI 願景和策略、做出相關決策、以及參與執行的人（即實作者）來說，更是如此。在深度學習、自然語言、強化學習和遷移學習等特定領域也是，這些領域都在非常快速活躍地發展著，而且幾乎每天都有進步。這對 AI 相關的硬體、工具和計算資源來說，也是同樣的情況。

如何最有效地保有最新知識？因為我不知道你的個人需求和最佳學習方式，所以我可以簡單地讓你知道我的方式和主要資訊來源。我有追蹤了很多人的 Twitter 並且訂閱 Reddit 摘要。我也訂閱了許多相關的電子報，會把精彩且最新的內容直接發送到我的電子郵件信箱中。當有時間，我會定期閱讀書籍和參加線上課程。為了即時知道最新的技術和學術研究和進展，我使用康乃爾大學圖書館的 arXiv.org。另外，我還會試著保持對一般產業和市場研究的了解。最後，我會根據需要做傳統研究。

我的建議是找到最適合你的方法並堅持下去。要跟上所有內容非常困難，因此請選擇一組可應付的主題並過濾掉其他所有內容，以便在你的興趣上保有最新知識。

AI 投入正式環境

與需要實際佈署、監控、維護和最佳化且可以隨時運行於正式環境的 AI 解決方案相比，探索性機器學習和 AI 開發之間存在很大差異。這會在 AIPB 方法論組成中的建構、交付和最佳化階段顯現出來。

你應該考慮許多關鍵的差異和挑戰，它們值得單獨地寫上一章。鑑於該主題更具技術性、主題的特定性，因此，你可以在附錄 C 中找到關於 AI 在正式和開發環境中的相關考量因素和差異的全面性討論。

結論

本章涵蓋了關鍵考量因素，它是 AIPB 方法論組成中評估階段的第三個也是最後一個子階段，也是 AIPB 評估的最後一個類別。你應該完成這三個 AIPB 評估，來建立你的 AIPB 評估策略，而這也應納入你的整體 AI 策略之中。

到此，我們已經涵蓋了許多關於規劃和執行一個與願景保持一致的 AI 策略。第 14 章會提供一個例子，來說明 AI 策略的發展和相關的產出：解決方案策略與排序路線圖。

AI 策略範例

現在我們已經詳細地涵蓋了建立 AI 策略的相關資訊與關鍵考量因素。接著,透過假設的範例。回想一下 AIPB 所產出的 AI 策略有:解決方案策略與排序路線圖。

Podcast 範例介紹

假設我想建構一個簡單的 podcast 收聽 app,讓使用者根據他們的偏好和過去的收聽歷史獲得 podcast 推薦。未付費帳戶的使用者將會看到廣告,而付費帳戶的使用者不會看到廣告。利害關係者方面,我代表企業,因為它是我的公司和 app,使用者是那些使用該 app 查找和收聽 podcast 的人,而客戶是使用我的 app 向未付費使用者投放廣告的公司。

所有三個(企業、使用者、客戶)都對 app 有許多目標,並且每個目標都有多個有助於實現目標的提案。讓我們假設存在一個該策略的 AI 願景,它定義了為什麼、如何做、做什麼,如前所述。(我在附錄 B 中更深入地介紹了這個例子,因此我們先不看願景部分,以便專注於 AI 策略制定。)

AIPB 策略階段回顧

在深入討論和為我們的範例制定解決方案策略和優先路線圖之前,請回想一下第一部分,所有專家類別都被推薦來制定 AIPB 策略。這是

因為從 AIPB「北極星」到生產解決方案最佳化，要制定端到端、AI 為基礎的創新策略，會需要跨功能專家的專業。因此，所有相關領域的專家都應該在需要時協作，並由管理者專家來監督與管理（特別是排序路線圖的產出，需要產品經理加入）。

對於 AIPB 方法論策略階段和第 2 章介紹的 AIPB 流程類別，我建議如下；

- 構思和願景發展（例如，設計思考、腦力激盪、五個為什麼）

- 企業和產品策略（例如，優勢、劣勢、機會和威脅 [SWOT]、成本效益分析 [CBA]、波特五力分析、產品市場契合金字塔）

- 路線圖排序（例如，延遲成本、CD3、狩野模型、重要性 vs. 滿意度）

- 需求導出（例如，設計思考、訪談）

- 產品設計（例如，設計思考、UX 設計、以人為中心的設計）

每個推薦的流程類別和具體的方法都可適用於本章和範例中所涵蓋的某些對應步驟。

正如 AIPB AI 願景範例章節中提到的，我們嚴禁採用 HiPPo（最高收入者的意見）方法和委員會設計，並且強烈推薦翻轉教室等概念。讓所有會議成為高生產力、有效，和能實質協作的會議，而不是單方面教學和學習會議。讓每個人都提前知道如何加快速度，最好能以佔用最少時間和精力的方式來配合繁忙的日程安排。

現在就讓我們來討論建立 AIPB 策略階段的產出。兩者都以 AI 願景做為指引，其定義了策略所應根據並與之一致的**為什麼、如何做**和**做什麼**。

建立 AI 解決方案策略

建立 AIPB 解決方案的策略可以很簡單也可以很廣，涉及許多不同的領域和考量因素。回想一下，解決方案策略應定義所需的人員、流程和資源（即計畫）以：

- 讓 AI 願景成真並成功

- 在執行 AI 策略的同時，執行評估策略提案

- 迭代地執行 5D

迭代地執行 5D，包含要回答和處理所有第 3 章 AIPB 方法論策略階段概括的所有考量因素。請參閱該章節複習。

鑑於解決方案策略的可交付成果可能極具深度且類型眾多，本範例的解決方案策略僅以大致方式呈現。如可交付成果可以是一個或多個文件、圖表或簡報的，且可以是企業層級、技術（例如，軟體架構、資料模型）、產品相關、設計相關、資料和分析相關等。

為了達成本範例的目的，我們的大方向解決方案策略建立了計畫，如下所示：

- 利用五個 D 流程，以制定业執行排序路線圖（代表 MVP）

- 在 podcast 和 app 願景的情景下，進行使用者研究來幫助指引設計和開發

- 採用一流的設計師和現代設計方法來確保最佳的 UX。

- 使用適宜的現代技術堆疊和軟體架構為 iOS 和 Android 裝置建構行動 app。

- 開發並整合一個新的推薦引擎，被建構和佈署的引擎會提供雲端的 API 接口。

- 確保在 iTunes 和 Google Play 應用商店上架 app 後，進行適當的監控和分析。

- 正確評估 app 的可用性和 UX，並根據我們的發現進行修改。

- 制定成功指標和評估計畫，以幫助推動未來的資料驅動決策和改善。

- 開發一個資料回饋循環，可以作為推薦引擎持續改善和最佳化的指引。

建立 AIPB 排序路線圖

為了創建 AIPB 排序路線圖，我推薦的方法是創建分層式路線圖，每一層都與其上一層一致。我推薦使用的分層如圖 14-1 所示，且你的排序路線圖最終看起來類似像這樣。產品經理應該能夠在這個過程中提供幫助。

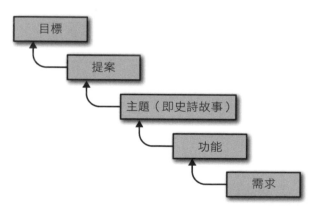

圖 14-1　AIPB 排序路線圖各層級與安排

目標是整本書中一直在討論的**為什麼**、好處和成果，應該給人和企業的，而這正是 AIPB 重要的獨特之處。上述例子可在第 10 章所建立的 AIPB AI 願景聲明看到。

提案是特定、個別的策略，以實現一致的目標。我們之前將這些稱為與目標一致的提案。主題，也稱為史詩故事，是概述的產品功能，可以包含許多具體的功能。主題和個別功能都應該透過發現、構思和創造過程定義出來，會產出敏捷需求，將引導設計與開發作業。

在這個範例中，讓我們假設企業方面的主要目標是增加客戶獲取、參與與留存。這實際上是多個目標，但為簡單起見，我們將它們合而為一。我們會提出多個與目標一致的提案、主題和功能來實現這些目標。

例如，我們可以建立根據喜好、個人化激勵和促銷活動，以鼓勵使用者註冊帳號，而不是匿名使用應用。在這種情況下，個人化是提案，而激勵和促銷是主題，每個主題都可以有多個具體的功能。我們還可以策略性地建立高品質的內容（例如，podcasts、圖片、副本、功能）和推薦，為每個使用者進行個人化。個人化有助於讓事情與個人更相關。而這些作法應該有助於實現客戶獲取、參與和留存的目標。

從使用者的角度來看，使用者的一個目標是能夠很快地找到他們可能喜歡的新 podcast。這應該與他們已經聽過的 podcast 有相似特性（如長度、格式）和標題，同時也介紹給使用者一些新的、不相似的 podcast。這讓使用者去探索他們不知道的新內容。在提案方面，我們可以用個人化服務來達到這個企業目標。這也是「為人和企業」的好例子，而對於這兩者來說，策略提案和成果是雙贏的。

最後，客戶的主要目標是在他們行動 app 的廣告支出中產生最大的投資報酬率。我們可以透過區隔和定位等多種方法來達到這一點。圖 14-2 顯示了與目標一致的排序路線圖的一般視覺化圖。

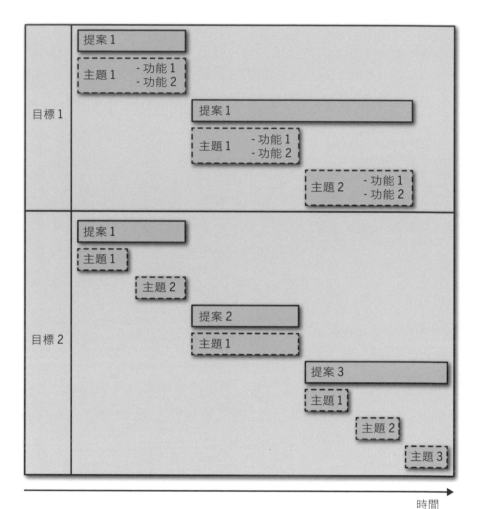

圖 14-2　與目標和提案一致的排序路線圖

下面是一個用範例客製的、更具體的項目排序路線圖,而且假設這是一項進行中的工作。也假設採用 AI 來處理區隔化、個人化和推薦相關的所有內容。為了清楚起見,我使用了比平常更多詞彙去描述某些項目(例如,目標和提案),由於我們把 AI 解決方案整合到 app 中,還要有使用者介面和非 AI 驅動的功能,因此有些路線圖項目將需要設計和非 AI 軟體開發工作。

保持一致的目標、提案、主題、和功能

- 企業目標：增加更多客戶獲取、參與和留存
  - 提案 1：個人化

    - 主題 1：激勵

      - 功能 1：獎勵註冊

    - 主題 2：促銷

      - 功能 1：根據區隔的目標促銷

      - 功能 2：根據偏好的目標促銷

- 使用者目標：快速找到與我目前收聽相似且可能喜歡的 podcast，也向我介紹陌生、但沒試過不知道喜不喜歡的 podcast。
  - 提案 1：個人化

    - 主題 1：Podcast 摘要

      - 功能 1：個人化訊息

      - 功能 2：個人化圖片

      - 功能 3：個人化排版

    - 主題 2：推薦

      - 功能 1：基於相似使用者進行推薦

      - 功能 2：基於相似 podcast 進行推薦

      - 功能 3：基於不相似 podcast 或使用者進行推薦

- 客戶目標：在行動 app 的廣告支出上，達到高於平均的 ROI
  - 提案 1：目標選擇（增加廣告與相關使用者觸及的可能性）

    - 主題 1：基於區隔、目標投放廣告

請注意，某些主題或功能可能會是一致的；也就是說，在多個提案或目標下。這個情況是完全沒問題的。在需求方面，我建議以主題和功能的層級上定義需求，而這些需求將會指引整個設計和開發的過程。就軟體而言，應該採用敏捷方法而不是瀑布式方法來處理需求。

最後，對所有層級排序是關鍵，因為你無法一次完成所有的事情（除非你有龐大的團隊與預算）。我建議從目標層級開始進行排序，在人和企業的每個層面排序目標，然後再匯整起來（在我們的範例中，會有些重疊）。接著，排序與目標一致的提案，接著排序與提案一致的主題，最後排序與主題一致的功能。這樣最後會產出一個最佳的排序路線圖，以驅動 AIPB 後續建構、交付和最佳化流程。我推薦使用延遲成本、CD3、狩野模型、和重要性 vs. 滿意度等方法來排序。

從敏捷的角度和我自己的經驗來看，我發現沒有（或非常鬆散）時間範圍（用於長期規劃和（或）科學創新）或涵蓋最多 90 天（粗略估計）工期的路線圖是最好的。任何超過 90 天的事情都可能非常不準確，而且會不適當地設定期望（再次強調，這裡採用的敏捷，而不是瀑布）。

從我建議的路線圖層次來看，主題和功能是在 AIPB 建構階段需要進行設計（對於有使用者介面的項目）和建構的路線圖項目。目標和提案用於策略、規劃和與目的一致。排序路線圖以排列好順序的開發任務，來指引產品開發團隊和 AIPB 方法論後續階段。

最後的想法

至此,我們已經介紹了 AIPB 框架以及如何制定成功的 AI 願景和策略。第四部分總結了 AI 對工作的潛在影響、高階管理的領導力對追求 AI 計劃的重要性以及 AI 的未來,特別是趨勢與可期待和需注意的事項。

Chapter 15

AI 對於工作的影響

AI 的威力和前景對人和企業來說都是不可忽視的，儘管 AI 的應用應該考慮到人類的需要、渴求和心理。本章的目標是討論在與工作相關的人類需求背景下，AI 的潛在影響。

AI、被取代的工作、和技能落差

除了 AI 殺手機器人會接管世界外，我聽到關於 AI 最大的一個擔憂，那就是害怕失去工作，這是一個絕對值得進一步探究的主題。當人類認為他們滿足基本需求的能力受到威脅時，通常會奮起抵抗或拔腿逃走。在 AI 的情境下，拔腿逃走可能非常適合終結者或殺手機器人之類的場景，但那樣的技術能力或情況我們甚至還未企及，而且可能永遠也不會看見。因此，此時最常見的奮起抵抗反應，通常是以恐懼或反抗的形式呈現出來。

雖然現在一些工作正在被 AI 和（或）自動化所取代，而另一些工作可能在未來被取代，但我們目前與在不久的將來發生大規模工作取代的情節距離還很遙遠。絕大多數追求 AI 的人和企業都對如擴增智慧的其他應用感到興趣。此外，根據 MIT 史隆管理學院教授 Erik Bynjolfsson 的說法：「即使 AI 迅速發展，它也無法在短期間內取代大多數的工作。但幾乎在每個產業，使用 AI 的人都開始取代不使用 AI 的人，而且這種趨勢只會加速[1]。」

1　*https://sloanreview.mit.edu/projects/reshaping-business-with-artificial-intelligence/*

在機器取代工作的背景下，失業是最令人擔憂的問題，它有兩種主要形式：技術性失業（*http://bit.ly/2Kxd1AO*）和結構性失業（*http://bit.ly/2IWcchO*）。技術性失業源於 AI 和自動化等技術變革。在這種情況下，某些任務是由新技術來執行，而不再需要人工來執行。這意味著需要圍繞著一組不同的任務和職責，進行工作的重新分配或重新培訓。另一方面，結構性失業是工作者與工作之間技能無法搭配的結果，換言之，需要填補現有職位所需的技能和專業知識。

這也被稱為**技能落差**。現在，我們正從 AI 研究人員、機器學習工程師、資料科學家和軟體工程師等技術相關角色中看到了這一個現象。鑑於 AI 和資料科學領域的廣泛性，資料科學家和機器學習工程師的問題更加嚴重。你可能會發現一位擅長資料準備、視覺化和進階統計分析的資料科學家，但在機器學習建模方面卻不是很強，反之亦然。

就 AI 而言，缺乏如獨角獸一般珍稀的綜合專家，且人們每天都在變得更加地專精於單一領域。我們開始看到專注於自然語言技術、深度學習、強化學習或其他技術的 AI 和機器學習工程師，但他們並非同時專注於所有需要領域。這是一個真正的挑戰，因為儘管需要填補這些角色，但 AI 和資料科學是困難的，需要程式設計、統計學、數學、資訊科學和機器學習的專業知識。無論市場需求如何，這些對於許多人來說都是具有挑戰性的學習主題，而且根本不適合所有人。

技能落差和新的工作角色

鑑於對專業化的需求日益增長、AI 與機器學習應用場景的擴展、以及更大、更多樣化的資料，我們看到許多新角色出現，並承擔著一系列專門的職責。像是 DataOps、資料工程師和資料產品經理。我們也看到人們越來越感興趣人為協作（human-in-the-loop）來為 AI 提供人類推理的能力，這是人類的優勢之處，而不是當今 AI 所能提供的。由於對資料和分析的重要性和重視程度越來越高，我們還看到越來越多

不同職能的角色參與，比方說軟體工程師、DevOps 工程師、可靠性網站工程師和 BI 專家等角色。

另一個考慮因素是，技術在歷史上已經創造了新的和不同的工作，而 AI 也不例外。事實上，世界經濟論壇在其 2018 年未來就業報告中估計，到了 2022 年，隨著第四次工業革命的展開，「有 7,500 萬個工作機會可能會因人機分工的轉變而被取代，同時會出現 1.33 億個新的工作角色，而這些角色能夠更加適應人類、機器和演算法之間的分工模式 [2]。」這代表淨增加了 5,800 萬個工作機會。

該報告還指出，這種淨增長和積極的前景，會需要一系列勞動力的轉變來配合新技術。圖 15-1 顯示了跨產業角色的範例，這些角色分為穩定的、新的或冗餘的。該報告使用「冗餘」一詞來指代 2018 年至 2022 年期間最容易受到技術進步和流程自動化影響的角色。預計這些工作將變得越來越冗餘，並以日常慣例、中等技能和白領為特徵。

許多其他研究來源指出，AI 實際上將顯著地促進經濟增長，並創造比它所取代的就業機會更多的機會，儘管這樣的增加，在產業裡並不成比例。例如，製造業可能會失去很多工作，而醫療保健等其他產業將獲得工作。以下是一些有趣的發現：

- Gartner 預測，到 2020 年，AI 會創造 230 萬個工作機會並去除 180 萬個工作機會，淨增加 50 萬個工作機會 [3]。

- 麥肯錫認為，到 2030 年，AI 有可能使全球經濟活動增加 13 兆美元，從而使累計 GDP 比現在高出 16%，並且 GDP 以每年增加 1.2% 的方式增長。報告進一步指出，到 2030 年，全職等效

2　世界經濟論壇指出，應謹慎對待這一估計及其所依據的假設

3　*https://www.itpro.co.uk/automation/30463/gartner-by-2020-ai-will-create-more-jobs-than-it-eliminates*

就業（full-time-equivalent-employment）總需求可能保持平穩，或略有下降 [4]。

- PwC 估計，到 2037 年，AI 將在英國創造 720 萬個就業機會，同時取代 700 萬個就業機會，淨增加 20 萬個就業機會 [5]，AI、機器人和自動化將為中國經濟增加 9,300 萬個就業機會 [6、7]。

Table 3: Examples of stable, new and redundant roles, all industries

Stable Roles	New Roles	Redundant Roles
Managing Directors and Chief Executives	Data Analysts and Scientists*	Data Entry Clerks
General and Operations Managers*	AI and Machine Learning Specialists	Accounting, Bookkeeping and Payroll Clerks
Software and Applications Developers and Analysts*	General and Operations Managers*	Administrative and Executive Secretaries
Data Analysts and Scientists*	Big Data Specialists	Assembly and Factory Workers
Sales and Marketing Professionals*	Digital Transformation Specialists	Client Information and Customer Service Workers*
Sales Representatives, Wholesale and Manufacturing, Technical and Scientific Products	Sales and Marketing Professionals*	Business Services and Administration Managers
Human Resources Specialists	New Technology Specialists	Accountants and Auditors
Financial and Investment Advisers	Organizational Development Specialists*	Material-Recording and Stock-Keeping Clerks
Database and Network Professionals	Software and Applications Developers and Analysts*	General and Operations Managers*
Supply Chain and Logistics Specialists	Information Technology Services	Postal Service Clerks
Risk Management Specialists	Process Automation Specialists	Financial Analysts
Information Security Analysts*	Innovation Professionals	Cashiers and Ticket Clerks
Management and Organization Analysts	Information Security Analysts*	Mechanics and Machinery Repairers
Electrotechnology Engineers	Ecommerce and Social Media Specialists	Telemarketers
Organizational Development Specialists*	User Experience and Human-Machine Interaction Designers	Electronics and Telecommunications Installers and Repairers
Chemical Processing Plant Operators	Training and Development Specialists	Bank Tellers and Related Clerks
University and Higher Education Teachers	Robotics Specialists and Engineers	Car, Van and Motorcycle Drivers
Compliance Officers	People and Culture Specialists	Sales and Purchasing Agents and Brokers
Energy and Petroleum Engineers	Client Information and Customer Service Workers*	Door-To-Door Sales Workers, News and Street Vendors, and Related Workers
Robotics Specialists and Engineers	Service and Solutions Designers	Statistical, Finance and Insurance Clerks
Petroleum and Natural Gas Refining Plant Operators	Digital Marketing and Strategy Specialists	Lawyers

Source: Future of Jobs Survey 2018, World Economic Forum.
Note: Roles marked with * appear across multiple columns. This reflects the fact that they might be seeing stable or declining demand across one industry but be in demand in another.

圖 15-1　穩定的、新的，和冗餘工作角色（來源：The Future of Jobs Report 2018, 世界經濟論壇, Switzerland, 2018）

4　https://www.mckinsey.com/featured-insights/artificial-intelligence/notes-from-the-ai-frontier-modeling-the-impact-of-ai-on-the-world-economy

5　https://www.theguardian.com/technology/2018/jul/17/artificial-intelligence-will-be-net-uk-jobs-creator-finds-report

6　https://internetofbusiness.com/robotics-a-i-will-create-jobs-but-decimate-middle-class-careers-wef/

7　https://www.pwc.com/gx/en/issues/artificial-intelligence/impact-of-ai-on-jobs-in-china.pdf

至少在現在和可預見的未來，AI 似乎還沒有完全取代工作機會。AI 的能力仍然相對狹窄，遠不及人類的理解能力。AI 也無法同時進行多種任務，無法從其訓練過的單一任務之外的環境中自我學習，或處理在它的訓練條件下任何明顯的變化。然而，現實世界中不斷發生變化，人類通常能夠無縫且輕鬆地處理它們。人類在嬰兒時期能夠做的大部分事情，對於今天的 AI 來說都是不可能的。

關鍵的不是現在和可預見的未來，每個人的工作都被取代了，而是關於哪些工作正在被取代、哪些新工作會被創造、哪些人群將受到最大的影響以及其影響程度。

明日的技能

工作需要兩個主要的東西：硬技能（包括專業知識）和軟技能。我認為軟技能如果沒有比硬技能重要的話，那至少與硬技能一樣的重要。軟技能通常對員工在工作中取得成功的能力貢獻最大。

與硬技能不同，軟技能極難教授。即使傳授給員工軟技能，也不能保證他們會採用、掌握並繼續展現這些技能。除了對技術技能（例如 AI 和資料科學）的需求不斷增長之外，現實世界的工作越來越需要軟技能，例如批判性思考、解決問題、靈活性、適應性、協作和足智多謀。

在當今的教育系統中，學生並沒有顯著地發展這些技能，而這代表著在很大程度上，熟練勞動力的需求並沒有得到滿足。此外，目前最新的 AI 還無法展現大多數的軟技能，而且可能永遠也無法展現。

這是值得反覆提起的一點。AI 幾乎無法展現列出的任何軟技能。這意味著 AI 無法取代或自動化各種各樣的工作，也意味著與有著機器無法替代能力的人將會有大量的工作機會。如果沒有具備這些能力的人來填補這些工作角色，我們會持續看到大規模的人才短缺，就像我們今天看到的資料科學家和軟體工程師等角色一樣。

未來的自動化、工作機會、和經濟

現在應該清楚的是，除了 AI 是否會取代每個人的工作之外，還有很多事情需要考慮。長期以來，技術一直被用來讓人們的生活變得更美好、更輕鬆，而且也會繼續如此。人們最關心的不應該是 AI 會扼殺工作，而是政府、社會、企業和教育機構將如何改變，來確保人們具備最好的能力，並且在日益技術化的世界中取得成功。這不僅包括政策和教育方面的變化，還包括工作者的工作重新分配、新工作的再培訓或新技能的再培訓。目前真實的情況是人類越來越需要與機器一起工作，而不是機器需要完全在沒有人類的情況下工作。

讓我們引述兩句話和一個關於工作自動化對經濟影響的簡短討論來結束本節。

「一個最簡單的事實是技術消除的是工作機會，而不是要做的工作。經濟政策的持續義務是讓生產力的增加與購買力和需求的增加相配合。否則，技術進步所創造的潛力會在產能閒置、失業和剝奪中白白浪費[8]。」

「只有在有利可圖的情況下，生產者才會自動化。為了產生利潤，生產者首先需要一個可以銷售的市場。牢記這一點有助於突出此論點的關鍵缺陷：如果機器人取代了所有工人，從而造成大規模失業，生產者將向誰出售商品？[9]」

想一想：企業將所有事情自動化使得每個人都失業且沒有經濟來源，有什麼意義？正如第二條引文所指出的，誰會購買他們的商品和服務？不幸的是，考慮到我們所看到日益嚴重的經濟不平等，對於整件

---

[8] National Commission on Technology,《Automation and Economic Progress, Technology and the American Economy》, Volume 1, February 1966, pg. 9.

[9] Larry Elliott, quoting Kallum Pickering in「Robots will not lead to fewer jobs – but to the hollowing out of the middle class」, *http://bit.ly/2Fr8DiP*

事的思考可能不是那麼簡單。如果不加以控制，可能會導致富人與窮人之間的極端情況。在這種情況下，富人會製造和購買東西，而窮人將被排除在外。同樣地，我們必須意識到這些問題並儘量避免它們，也必須知道這並不是純粹的 AI 問題。

最終，技術不會停止進步，已經取得的技術進步也不會逆轉。這個事實在過去是絲毫不差的（例如，盧德主義者（Luddites）時代），而且在未來會持續如此。因此，我們必須積極主動地討論和解決潛在的大規模工作自動化問題，並採取任何必要措施確保人類和技術能夠在我們走向未來時，以互惠互利的方式和諧相處。

最後，有點有趣的是實際上有些人認為 AI 可能會取代每個人的工作是一件好事。這個想法是它將讓每個人都能過上快樂且有意義的生活，做他們感興趣的事情，而不是為了滿足經濟和社會需求而不斷地工作，特別是對於那些不有趣或不愉快的工作（不幸的是，對於目前很多人來說便是如此）。

如果全面地替換採用人工的工作，而沒有適當的預防措施和基礎設施，這可能是一件非常糟糕的事情。有個相關的概念是每個人都可以獲得普遍基本收入（universal basic income，UBI），以彌補缺乏需要人工的工作，以及避免人們陷於貧困之中。隨著 AI 的發展，這些考慮因素絕對是重要的，儘管大多數跡象表明我們離這一點還很遙遠，而且在相當長的一段時間內也不會發生。

結論

當受到威脅時，人類自然會做出奮力抵抗或拔腿逃走的反應，而 AI 帶來的危機感也不例外。儘管 AI 可能會成為就業殺手，但目前研究發現的歷史先例是技術會促使就業機會的創造，以及對教育和培訓改革的關注，而這樣的歷史先例會持續朝著對防止大規模失業和不好的經濟

影響的可能性有更好的了解發展。與過去一樣，技術和 AI 能繼續滿足人類的需要、渴求和喜好，並且最終創造出更好的人性化體驗。這正是 AIPB 的核心目標。

我們將在下一章結束這本書，其中包含最後的想法以及對 AI 趨勢和未來預測的概述。

Chapter 16

AI 的未來

到了本書的結尾，我希望你有得到啟發，並準備好在 AIPB 導引下在你的組織運用 AI。在本章中，我將分享一些關於高階領導者重要性的最終想法，然後概述 AI 趨勢和對未來的展望。

AI 和高階領導者

如果你是一名高階經理人，我要特別感謝你閱讀本書。為什麼？兩個原因。首先，高階領導層的理解和認同，對於推進 AI 提案以及幫助確保提案成功至關重要。其次，因為許多高階領導層距離業務監督領域較遠，並且更關心策略而不是戰術和主題專業。出於充分的理由，企業需要人們為企業和每個功能部門負責策略、損益、營運和其他高階層級的職責。然而，這種遠離專業並只關注高空視角，有一個明確的缺點。它通常需要所有事物的行政報告摘要。

在我看來，高階領導者在業務產品和各業務線的核心領域擁有大量的主題專業，是非常重要的。在 AI、機器學習和資料科學領域更是如此。人們可能很難理解這些領域，而當決策者不理解時，向進階分析提案推進可能會非常困難。

相對的，如果你對這些領域的理解僅在行政報告摘要等級，那很好，但這意味著必須將信任和決策授權委託給那些具有較多專業的人。原因很簡單。我堅信，許多公司即使知道他們需要 AI 來實現某些目標、產生某些成果或保持競爭力，但仍然對採用 AI 感到擔憂，一個主要原

因是關鍵決策者對它的理解不夠。這是可以理解的。我自己和其他人正在努力揭開和簡化 AI 的神秘面紗，但仍有許多的工作要做。

我也認為，對於高階領導者來說，擁有相當的產品敏銳度也非常重要。公司是圍繞產品建立的，即使產品是服務。產品實際上是公司的接合劑，特別是從我創建的樞紐軸幅模型來看，產品是樞紐，其他都是輪輻。圖 16-1 展示了技術產品樞紐輪輻模型。請注意，AIPB 專家歸類於輪輻。

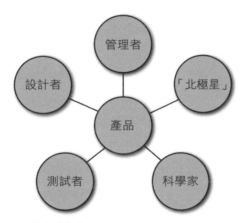

圖 16-1　技術產品樞紐輪輻模型

一般而言，高階管理者和經理人用一個產品或一套產品建構和營運業務，設計師設計產品，建構者建構產品（例如，軟體工程師），測試人員測試產品，科學家幫助建構、理解和最佳化產品。樞紐輪輻模型也適用於整體業務功能：行銷人員行銷產品；銷售人員銷售產品；客戶服務人員支持產品；產品開發人員設計、建構和測試產品；營運人員圍繞產品開展業務；財務和會計人員追蹤和管理投資於產品或產品產生的資金；而產品經理管理與產品願景、策略、開發和成功相關的所有事情。

一些最偉大的科技公司，是由身為前產品經理和／或主題專家的 CEO 所創建和／或營運的。賈伯斯便是一個明顯的例子，但名單還包括

Sundar Pichai（Google CEO）、Satya Nadella（微軟 CEO）、Marissa Mayer（Yahoo CEO）和 Indra Nooyi（PepsiCo CEO）。[1]

那麼，讓我們繼續討論關於 AIPB 和 AI 科學創新的最終想法。為了保持正確、保持競爭力，尤其是在競爭中領先，公司必須繼續創新，尤其是在資料和分析上。隨著資料產生的爆炸式成長和儲存、處理和分析資料的成本降低，沒有比現在更重要的時刻，需要去發展關於「如何利用和使用資料來創造更好人類體驗和企業成功」的願景和策略。

正如我們所介紹過的，AI 和機器學習等進階分析技術為創新和價值創造提供了驚人的機會。也就是說，許多人仍難以理解 AI 和機器學習到底是什麼，它們與資料科學有何不同，以及所有這些領域如何驅動現實世界的價值。此外，由於所討論的許多潛在原因，追求 AI 可能會很成功，但也可能會失敗。

關鍵是從今天開始。不要等待，不要設置進入障礙，最重要的是，不要落後。Andy Weir（譯註：美國科幻小說家）的一句名言是：「今天的好計劃更勝於明天的完美計劃。」立即制定計劃將 AI 融入你的業務。AI 就緒的某些方面，例如領導力、文化轉變和高階領導者的支持是必須的；其餘的邊做邊進行。確保填補好與準備就緒相關的缺漏，並排序和進行所需的轉變。此外，處理資料和分析要慢慢增加成熟度，搭配成熟度相依和在不確定性、風險和回報之間的權衡。憑藉所需的領導力、文化轉變和高階領導者支持，從小處著手，並漸漸將機器學習和其他 AI 技術納入你業務的現實應用中。

此外，請記住，價值不僅來自投資回報率，還來自對人類體驗的改善和愉悅。請為此進行最佳化，就像你為業務目標和 KPI 所做的那樣。對你的客戶和使用者越好終將使你的業務受益。

---

1   *https://www.mckinsey.com/industries/high-tech/our-insights/product-managers-for-the-digital-world*

AIPB 以及本書中的導引，將幫助高階領導者和經理人確保 AI 所追求的是有益且成功的，因為它具有獨特且為目標而建的「北極星」、利益、結構和方法。建構出偉大的 AI 產品、服務和解決方案吧！

要期待和注意什麼

讓我們討論一下 AI 的未來，以及未來幾年你可能會聽到更多和要注意的事情。

與許多成熟且較穩定的數位科技（如行動和網路）不同，AI 是一個令人難以置信的動態和進階領域，並且每天都在變化。不僅是技術和能力，現實世界中 AI 使用案例和應用也爆炸式成長。AI 正從具有巨大潛力的事物，轉變為真正為人和企業帶來真正重要價值的事物。

隨著 AI 能力和潛在應用在未來的擴展，這肯定會繼續下去，而同樣重要的是，人們和公司更了解 AI 是什麼、它如何創造價值，以及如何成功地實現這一價值。希望這本書和 AIPB 提供了一個框架來幫助理解並導引以 AI 為基礎的科學創新過程。正如我在第 1 章中所說的，如果藉由理解 AIPB 提出的概念和本書的內容，高階領導者和經理人能夠在進階分析上比今天更進一步，這就值得了。

在此，讓我們分門別類地談一下 AI 的未來。這裡的說明是概要且簡短的。我們鼓勵你進一步研究感興趣的特定領域，如果你不熟悉下面的一些行話，請不要擔心。我的目標是提供給你一個關於 AI 在未來短中長期的大方向。

增加對 AI 的理解、採用和普及

AI 仍處於起步階段，我們現在才開始看到現實世界的應用和使用案例出現大幅增長。其中許多新應用不是來自 Amazon、Google 和 Netflix 等著名科技公司，就是來自較小的創新和破壞式創新公司。

許多大型企業公司有資源聘僱 AI 人才並推行 AI 提案，但由於缺乏資料和分析準備、成熟度以及無法正確理解和解決許多 AI 關鍵問題等因素，而無法成功或經歷失敗。這使這些公司處於不穩定處境，因為有一些非常小且高度敏捷的新創公司，非常樂意追求 AI 並顛覆現有企業和行業。

由於這些挑戰，對資料和進階分析領導力的需求不斷增長，以幫助促進更理解並驅動 AI 相關願景和策略的創建，同時也讓企業和消費者更容易理解 AI。這意味著高階領導者和經理人越來越需要受訓以理解 AI 和機器學習，而這將有助於理解如何在其組織內使用進階分析，並幫助促進 AI 相關的機會識別、構想和願景發展。

雖然只有極度專業的 AI 研究人員和機器學習工程師才能十分理解技術細節，但高階領導者和經理人需要能夠去思考如何使用他們的資料來實現目標，以創建可操作的見解、擴增人類智慧、自動化重複性任務和決策制定、預測成果、量化回饋等。從成熟度的角度來看，這意味著獲得更好的理解，並從傳統的 BI 和描述性分析，升級到更進階的預測性和指導性分析。這是解鎖資料真正潛力的唯一方法，如果你只使用較簡單、傳統的分析，是不可能達成的。

對 AI 的深入理解，包含認識到資料是黃金，且不能不重視資料就緒性和品質。沒有磚頭就無法建出磚造房屋，就像沒有高品質資料就無法使用 AI 來創造新的價值來源、差異化和競爭優勢一樣。公司開始更理解這一點，而下一步是朝向資料民主化。資料孤島扼殺了 AI 創新和進步。成為資料驅動和／或資料告知的組織，需要資料和盡可能多地擷取資料源和業務功能。

AI 和機器學習人才也嚴重短缺。為了解決人才短缺問題，許多公司正在開發工具來幫助民主化、簡化（透過萃取降低複雜性），甚至自動化一些通常由資料科學家和機器學習工程師執行的工作。自動化機器學習（AutoML）是正在積極發展和進步的領域之一。AutoML 使那些

專業有限的人能夠訓練和最佳化機器學習模型，例如 AWS SageMaker 和 Google 的 AI Hub。Google 還發布了 Kubeflow Pipelines 來幫助簡化機器學習工作流程。

AutoML 的一些自動化非常有用，特別是對於那些具有必要專業的人，但我個人對於要將法拉利的鑰匙交給從未駕駛過且沒有駕駛執照的人非常謹慎。對於那些不具必要專業的人來說，由於不知道在訓練模型時要嘗試哪些權衡、考量因素和不同技術，從而做出錯誤的決定，這可能會導致沉沒成本、時間浪費和計劃失敗。在最壞的情況下，這可能意味著承擔大量的責任風險，並可能帶來生攸關的後果。

分析民主化和開放資料也是越來越受關注的領域。免費資料、機器學習模型和開源碼大量湧現。由於向預測建模標記語言（PMML）等工具的出現，模型也更具行動性和可分享。

最後，當今的進階 AI 技術（如深度學習）需要大量的計算資源、訓練成本和時間。如前所述，有很多人專注於通過演算法和硬體進步來提高效率。這將有助於加速模型學習和訓練，從而降低成本和時間。它還可以使實驗和假設檢驗更快，以及整體上更敏捷的方法。

本節中討論的所有內容都將有助於加深理解，在管理者和實作者層面得到更廣泛採用，並最終促進現實世界的 AI 使用案例和應用的普及。

研究、軟體和硬體方面的進步

研究

AI 和機器學習是非常熱門和活躍的研究領域。最新的研究主要關於演算法和技術的進步。一些最令人興奮的研究領域有：自然語言（NLP、NLG、NLU、機器翻譯）、深度學習、強化學習、遷移學

習、個人化、推薦系統、生成 AI 和訊息檢索（例如語音和視覺搜尋）等。請參閱第 5 章以複習。

此外，諸如深度強化學習之類的技術，正在探索創建具有自我導向且能隨著時間自我學習的 AI 方法，而其他方法則試圖使 AI 更能夠同時解決多個問題，即多任務。正在開發的其他技術，則有助解決我們之前討論的冷啟動問題。此外，傳統上使用 A/B 和多變量測試執行的進階因果推論方法，也正使用新 AI 技術開發中。

此外，研究人員正試圖找到使應用 AI 更容易、更有效的方法。所有進階分析技術都需要資料。要獲得大量高品質、準備好的資料，可能很困難和／或很昂貴。因此，正在開發諸如**少樣本學習**（*http://bit. ly/2KujNHL*）之類的技術，以使 AI 能用相對少量的資料且較低的資料品質要求。研究人員還試圖尋找改善演算法效率的方法（例如神經網絡），以便更快地訓練模型並降低成本。這包括開發更簡單的演算法和模型，可去實現與當今所用的最先進演算法相同或更好的結果，又只需要較少的資料。

另一個非常有趣的發展領域是關於機器如何學習。這包括線上學習、增量學習和核心外（又名外部記憶）學習。隨著新資料放入系統中，或者在資料集太大而無法在單台電腦上進行訓練的情況下，所有這些技術都允許在持續和增量的基礎上進行學習。

軟體

在大數據時代，隨著物聯網等技術的普及，當今龐大的資料集呈指數級增長，擴展 AI 變得比以往任何時候都更重要。這包括移動和處理大量資料集以供 AI 算法使用，以及運用生產 AI 解決方案，使能夠可靠且一致地大規模執行。有很多進行中的軟體改善可以幫助解決這個問題。

可用於建構 AI 解決方案的開源、專有和雲端軟體也在普及。這包括軟體包、程式庫、平台、框架、API、SDK 和協作工具。它也包括用於高效分析的資料庫和資料管理系統（例如，資料倉儲和資料湖）。

硬體

現代、先進的 AI 和機器學習技術（如深度學習）以及用大量資料訓練這些模型，越來越需要高度專業和高性能的硬體，像是 *AI 晶片*。

為滿足當今 AI 的需求，最近的一個主要硬體進步，是使用 GPU 而不是傳統的 CPU 來處理大量資料和 AI 模型訓練。GPU 更適合處理大量資料並執行現今 AI 演算法所需的數學計算。此類別中的其他專用硬體，包括特定應用機體電路（ASIC）和現場可程式閘陣列（FPGA）。

某些公司已經為這些應用，創建了品牌和專用的 AI 晶片。例如，NVIDIA 以其 GPU 聞名。Google 創建了一個稱為張量處理單元（TPU）的 ASIC（譯註：特殊應用積體電路），用於執行密集的機器學習任務。英特爾擁有自己的晶片，稱為 Intel Nervana 神經網絡處理器（NNP），它正與 Facebook 合作開發一種新的「推論」晶片，稱為 NNP-I（*http://bit.ly/2Iz9lMC*）（I 指的是「推論」）。

計算架構的進步

長期以來，客戶端 / 伺服器和雲計算一直是主要的計算架構。隨著網路和技術在規模上呈指數級增長，計算也相應地發展，以適應它的規模。這包括水平和垂直擴展。

隨著當今對行動裝置和性能的普遍關注，新的計算架構變得越來越相關和流行。這包括對離線計算能力的需求增加；例如，即使在離線時也能使用和受益於應用。

與 AI 高度相關的兩個非常令人興奮的未來發展領域是**邊緣**計算和**霧**計算。在傳統的雲計算架構中，資料在客戶端（例如，行動裝置、網路瀏覽器）和伺服器（雲端或機房）之間來回傳遞。客戶端和雲伺服器之間的資料傳輸和處理所需的時間都是費用，在某些情況下可能很重要且性能不佳。

為了滿足性能和強大即時計算更接近資料源（例如，客戶端、感測器）日益增長的需求，邊緣計算和霧計算正蓬勃發展。邊緣指的是裝置本身；例如，手機、平板電腦或感測器。霧通常是指裝置和雲之間的網閘；例如，網路網閘。在這些情況下，計算和資料儲存從雲端轉移到更靠近裝置和其他資料生成器的位置。這可能會使速度和性能大幅提升。

技術聚合、整合與話語主導

隨著 AI 在其應用中的不斷進步和發展，它開始與其他技術融合，而人們正認識到將 AI 整合到多種技術解決方案中的潛在價值。對我來說，當某些應用不再出現由 AI 驅動時，聚合最為明顯，這種現象稱為 *AI 效應*（稍後將進一步討論）。

個人助理（例如，Alexa、Siri）變得越來越像是助理而不是 AI。這些助理代表了 AI、麥克風和揚聲器等音訊硬體、電子硬體和網路連接性（IoT）的融合。AI 也越來越融入現有技術。例子包括 eComm 和 mComm 體驗中的推薦引擎和個人化。

AI 融合和整合有許多當前和未來的領域。例子包括：

- 自動機器和車輛

- 機器人和機器人過程自動化（RPA）

- 控制系統

- 免結帳和免排隊購物（例如，Amazon Go 和感測器融合）

- 物聯網和智慧系統（例如，智慧城市、智慧電網）

- 使用專用相機、光達（LiDar）以及其他感測形式的電腦視覺

- 霧和邊緣計算（例如，行動裝置上的 AI 深度學習模型）

- 區塊鏈

- 量子計算

- 模擬和數位孿生

預測性、規範性和異常檢測 AI，也與資訊技術、供應鏈、製造、運輸和物流相關傳統流程整合。

最後，語音有望在未來主導人類與科技的互動。我們已經看到了這一點，但還沒有達到我預期在不久的將來會出現的水平。人們越來越多與科技和裝置互動的方式，是用與它們說話並讓其回話的方式。這包括我們今天看到的助理以及對話式和問答式 AI 的應用。總有一天，會有一代孩子，不知道在實體或數位鍵盤上打字是什麼感覺。他們長大的過程看到的都是對事物說話的方式。

對社會的影響

AI 無疑變得越來越眾人皆知。不僅在每個角落都有關於它的炒作，而且關於 AI 解決方案的電視廣告也不斷增加，人們在日常生活中與 AI 的互動比以往任何時候都多；包括在行動 apps、網路 apps、助理、聊天機器人、物聯網、機器人、擴增智慧和自動化，都遇的到 AI。

由於這種新關注和意義性，人們開始就 AI 的道德和負責任使用，提出嚴肅而合理的問題，是否應該以及如何監管 AI？ AI 在政治上意味著什麼？以及最終，AI 將如何影響社會？這種影響是好是壞，還是兩者

兼而有之？這些都是很好的問題，越來越多人們和組織會去關注這些問題。

因為我們在第 15 章詳細討論了 AI 對工作的影響，所以讓我們將注意力轉向 AI 可能對社會產生越來越大影響的其他方式。

正如我們在本書前面所討論的，人們對資料的主要關注是資料隱私和安全，這是資料治理的關鍵領域。值得一提的是，資料治理並不是什麼新鮮事，早在 AI 出現在任何人的視線或以任何明顯的方式被使用之前，它就已經是公司和 IT 部門的責任。也就是說，人們對資料的隱私、安全和信任非常重要，AI 和機器學習提案創造了對資料的額外需求，因此我們現在看到在 AI 下對此越來越關注。業務領導與分析、IT 和安全專家需要協同工作，以便能夠利用資料創造更好的人類體驗和企業成功，同時盡可能提供透明度並確保最大程度的隱私、安全和信任。

此外，國家和地方各級政府越來越對隱私和公平使用進行監管，以幫助保護消費者。歐洲的 GDPR 於 2018 年 5 月生效，加州消費者隱私法將於 2020 年出台。對該領域的政府關注、政治和強制規定，可能會隨著時間而增加，因此請密切關注未來的發展。

公平、偏見和包容性也是 AI 未來非常重要的考量因素。AI 可能會在不知不覺中以不公平、有偏見和不包容的方式被使用。這是一個越來越重要的話題，隨著 AI 的進步，肯定會受到進一步的關注。朝著這個方向邁出的一步，是 2018 年 5 月 16 日在多倫多 RightsCon 上發布的「多倫多宣言：保護機器學習系統中的平等和非歧視的權利」（*http://bit.ly/2N5IPPz*）。

為了更好地衡量和追蹤迄今討論的所有內容，正如第 13 章中深入討論的那樣，AI 的透明度、判讀性和可解釋性受到重視，因此，許多人專注於創建可判讀性和可解釋性的 AI。期待在那領域看到更多的發展。

結束本節之前，值得一提的是一些處理這些議題及未來考量的一線組織。有許多人和組織希望幫助確保道德、公平、包容、透明和安全使用 AI，能與人類價值觀一致並造福全人類。安全使用是指日益增長的 AI 安全概念（*http://bit.ly/2X0xDrL*）。

其中一些像是：

- The Future of Life Institute（FLI）（*http://bit.ly/2IyQhy4*）—— Asilomar AI 原則，關於 AI 研究問題、倫理和價值、以及長期議題

- AI 造福人類和社會的伙伴關係（*https://www.partnershiponai.org*）

- 布魯金斯研究院〈Artificial Intelligence and Emerging Technologies Initiative〉（*https://brook.gs/31R2ZjB*）

- IEEE 標準協會（*http://bit.ly/2J5tJnX*）—— 自主和智慧系統倫理的全球倡議

- OpenAI（*https://openai.com/*）—— 安全 AGI 的 AI 研究

- Google 的〈Responsible AI Practices〉（*http://bit.ly/2XuPpmu*）

- Microsoft 的 FATE（AI 的公平、問責、透明度和道德）小組（*http://bit.ly/2X2N7vB*）

我發現所有這些都非常重要，因為我非常在意 AI 的道德和有益使用，這本書也是如此。這是關於使用 AI 造福於人和企業，並創造更好的人類體驗和企業成功。當用此這個角度追尋時，AI 代表了一個改變遊戲規則的機會，可以改變和改善人們的生活，影響和拯救他們。

AGI、超智慧和科技奇點

在解決 AI-hard 問題的方面還在繼續取得進展，目標是最終實現強大的 AI；又稱人工通用智慧（AGI）。這可能需要結合許多現有技術、創建全新的技術或用其他方式。

一種稱為綜合 *AI 服務*（CAIS）[2] 的概念和模型，將通用智慧的解決方案作為超智慧高專業化 AI 服務的整合，類似於軟體架構中的服務導向式架構（SOA）的概念。

由於許多原因，解決 AGI 問題被認為是「困難的」。這意味著 AI 的巨大進步，其能力遠遠超出了我們今天所擁有的一切。以下是所需改善的部分列表：

- 獲得跨不同任務類型執行多任務的能力

- 模仿人類的理解、推理和邏輯

- 模仿一般的認知功能和過程

- 像嬰兒和動物一樣從觀察和環境中學習

- 成為自我導向、自我學習、自我改善和自我修改

- 模仿因果推論（因果預測），以人類自然的方式

對目前來說這些是高得離譜的要求，我們不應該期望在不久的將來在這些方面取得很大進展。此外，從歷史上看，人們往往會非常高估新創新和技術的進步和採用。想想 AI；雖然採用率肯定在增加，但與許多人想像的速度相去甚遠。即使存在驚人的先進技術並且可以使用，但這並不意味著每個人都會使用它。

2　Drexler, K.E. (2019): "Reframing Superintelligence: Comprehensive AI Services as General Intelligence," Technical Report 2019-1, Future of Humanity Institute, University of Oxford.

正如我們所討論的，實際上有很多力量阻礙了採用。Clayton Christensen 在《Innovator's Dilemma》（創新者的兩難）書中對此進行了深入探討；Everett Rogers 也在他影響深遠的創新擴散理論中也闡明了這一點，他將採用者分為創新者、早期採用者、早期大眾、晚期大眾或落後者。根據我的經驗，技術本身的狀態並不重要，重要的是廣泛採用的程度如何。在這種情況下，我會說 AI 仍處於其擴散和採用的早期階段。

最終，關於我們何時可以期待任何相近於 AGI 的東西，以及目前誰知道 AGI 可用後的採用率，估計會出現很大差異，所以我就先說到這裡吧。

AI 效應

另一個值得討論的概念是 AI 效應。AI 效應的意思是，當 AI 應用在某種程度上成為主流之後，不再被許多人認為是 AI 的情況。這是因為人們傾向於不再認為解決方案有包含真正智慧，而只是普通計算的應用。這些應用仍然符合 AI 的定義，無論其使用多廣泛。這裡的關鍵點是，今天的 AI 不一定是明天的 AI，至少在某些人的心目中不是。

如果你會這樣想，是完全有道理的。在某個時間點，當賈伯斯和 Apple 首次推出 iPhone 時，人們真的很驚訝，一部手機可以成為音樂、圖片、電話、訊息、遊戲等的一站式商店，同時引入觸控互動和手勢感應螢幕。現在這些已經變成人們對一隻手機的基本期望，不會再多想。變成基本配置了。《星際大戰》中的 C-3PO 也是如此。在電影中，通訊機器人是很常見的，且技術或機器智慧並沒有什麼特別之處。如果 C-3PO 不在《星際大戰》中，我幾乎不知道他有那裡特別，只因為我是《星際大戰》的忠實粉絲，且已經習慣了這個角色。誰知道，也許有一天人類會以同樣的方式思考 AGI？

Amazon 和 Netflix 推薦是另一個很好的例子。人們非常習慣有這些推薦，以至於他們可能不會認為這是一項多了不起的 AI 技術和應用。事實上，這些系統非常出色，在公司收入、使用者參與和保留率方面都佔了很大比例。一些估計表明，Amazon 35% 的收入來自其推薦，而在 Netflix 上觀看的所有內容中有 75% 來自推薦。[3] 這顯然非常有價值。

結論

正如我在本書中多次說過的那樣，AI 絕對能夠造福於人和企業，創造更好的人類體驗和企業成功。為了實現這些好處和成果，需要對的專家一起合作，以執行適當的 AI 評估並制定適當的策略，以確保取得 AI 提案成功。他們還必須協作創建一個極有可能成功的有效 AI 願景和策略，並能夠執行該策略以建構、交付和最佳化成功的 AI 解決方案。

AIPB 框架及其獨特和為目標建構的「北極星」、利益、結構和 AI 的科學創新方法，將幫助許多人和公司確定這一過程的方向，並更好地進行成功的應用 AI 轉型。如需更多幫助，請記得到 *https://aipbbook.com* 以查看最新的 AIPB 資訊、資源並註冊。最後，如果你喜歡並從本書中學到了一些新的有用的東西，請在你購買的任何地方留下好評價。

祝你在 AI 的追求中充滿好運，我迫不及待地想看看 AI 的未來會怎樣。

3　*https://www.mckinsey.com/industries/retail/our-insights/how-retailers-can-keep-up-with-consumers)*

AI 與機器學習演算法

雖然要讓電腦像人類一般演繹推理、推論和決策,還有很長的路要走,但 AI 技術和演算法的發展和應用已經取得了顯著的進步。我們可以使用這些技術,為真實世界的問題,創造驚人且令人興奮的 AI 解決方案。

AI 和機器學習使用的演算法,加上適當選擇和準備的訓練資料,就能創建出人類無法建出的解決方案。正如本書所討論的,AI 有許多不同的目標,使用著不同的技術。

本附錄是為有興趣了解更多關於 AI 和機器學習技術細節的人所寫,包括生物神經模型,其啟發並協助形成了 AI 領域。雖然此處的內容相較本書其他內容要來得技術,但我是以非技術人員也能理解的方式來呈現所有的內容。

本章的主題是機器如何學習、生物神經元和神經網路、人工神經網路和深度學習。深度學習是建構 AI 解決方案之演算法技術中,最令人興奮也最具前景的;它代表了一種特殊類型的神經網路架構,我們將在本章進一步討論。首先,我們先了解機器如何學習。

參數 vs. 非參數機器學習

用較技術性語言來說,機器學習代表了演算法為基礎的學習技術,學習一個目標(或對應)函數後,會把輸入變數(特徵資料)對應到一個或多個輸出變數(目標)。

學習函數可以是參數的或非參數的。參數函數的特徵在於會有某種形式的模型，其中包括數個不同類型的項、函數和參數。

下面就是我們小時候會學到的直線方程式：

$$y = mx + b$$

該模型是參數化的，因為它的形式上具有兩個預先決定的參數（m 和 b），參數 m 結合簡單線性函數中的 x，以 mx 的方式呈現。在這種情況下，y 是 x 的線性函數，而 m 則代表這條線的斜率（y 會隨著 x 的變化而變化），b 則是 y 軸上的截距（當 x 的值為 0 時，y 的值）。

圖 A-1 以統計和機器學習更常見的形式展現直線方程式的樣貌，通常稱為**簡單線性回歸**。

$$Y_i = \beta_0 + \beta_1 X_i$$

目標　參數 1　參數 2　資料 / 特徵

圖 A-1　直線方程式

該方程式表示一個目標函數，其中 Y_i 是目標，X_i 是特徵資料。Y 的值跟 X 相關，形成 X 函數模型。

需要兩個參數 (β_0, β_1) 來形塑出 X 和 Y 之間的精確關係。這相當於前面直線方程式中的 m 和 b。請注意，我們可以創建其他預定義的參數函數，比方說提高 x 的冪次（例如 x^2）和（或）其中每個分項進行相加、相減、相乘或相除。以下是複雜度增加的參數模型範例：

$$y = \theta_0 x - \theta_1 x^2 + \theta_2 x^3$$

非參數模型沒有預先假定的形式,因此沒有預定義的參數、函數或運算。圖 A-2 總結了參數和非參數機器學習模型之間的區別。

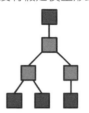

参数

最佳化問題的類型
- 假定模型的形式(參數、函數 ...)
- 學習最佳化的參數(又稱係數)

$$Y_i = \beta_0 + \beta_1 X_i$$

目標　　參數1　參數2　資料 / 特徵

非參數

沒有假定模型形式

圖 A-2　參數模型 vs. 非參數模型

接著將以較概略的方式來討論不同機器學習技術是如何進行學習的。

機器學習模型是如何學習的

在採用參數函數的監督式機器學習情況下,機器學習演算法的目標是找到最佳參數值(例如,簡單線性回歸範例中的 β_0 和 β_1)來得到表現最好的模型,也就是最能描述目標變數和特徵變數之間真實關係的模型。找到最佳參數值就是機器學習裡所謂的「學習」,而且在使用機器學習技術(演算法)和具備資料的情況下,這樣的學習才有可能達成。

非參數監督式機器學習函數的特點是沒有假定形式。在某些情況下(例如決策樹),機器學習演算法實際上是在學習過程中才產生出模型,而在其他情況下,機器學習模型是基於資料相似度;例如,根據和現有資料樣本的相似度來決定輸出。KNN 演算法是一種常見且具體的演算法,用於相似性式、非參數機器學習應用。

取決於應用類型的不同，非監督式學習可由多種不同的演算法來進行。分群類型的應用會採用進階的資料分組演算法，然而異常偵測的應用則會採用能找出資料離群值的演算法。

到目前為止討論的所有範例都屬於兩種類別之一：**誤差式**或**相似性式**的學習。誤差式學習是否有效是基於所選擇的效能指標，其表現模型的執行情形，也就是說，在預測分析的情況下，模型預測正確的頻率。（例如，準確性）。此種演算法透過嘗試最小化（使用損失函數）模型產生的誤差來達成目標，而過程則如參數學習的方式來找尋最佳參數，或者是如非參數學習的方式來找尋最佳的模型和參數。相對於誤差式模型，相似性式學習則是透過判斷資料點彼此之間的最大相似度來達成目的。

值得注意的是，統計學習這個術語有時與機器學習同義，但統計和機率式學習技術是有區別的，例如線性迴歸。我們在此處所說的機器學習，泛指所有不須透過程式撰寫而是用資料來進行機器學習的應用。

生物神經網路概述

人腦超乎想像地複雜，也是目前已知最強的計算機器。

人腦內部的運作，常以神經元的概念和神經元網路（也就是為人所知的生物神經網路）為核心來描述。據估計，人腦有幾近 1,000 億個神經元，彼此透過其網路的通路相互連接[1]。圖 A-3 顯示了完整的生物神經元細胞圖。

---

[1] *https://www.ncbi.nlm.nih.gov/pmc/articles/PMC2776484/*

大致上來看，神經元彼此之間能相互溝通是透過軸突末端組成的介面，其通過間隙（突觸）連接到樹突。根據估算，人腦有 100 到 500 萬億個突觸（$http://bit.ly/2XqYmx1$），足以儲存人類一生中學習到的所有資訊和發展的記憶。

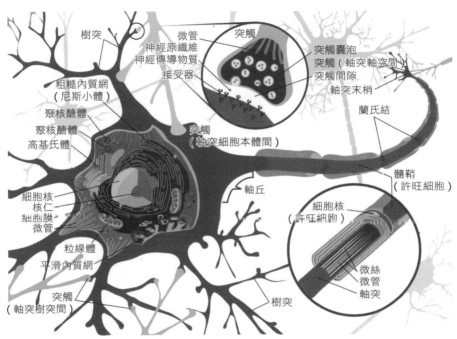

圖 A-3　完整的神經元細胞圖（LadyoHats, $http://bit.ly/2RwrAWe$，取自 2 月 25，2019）

白話來說，如果輸入訊號的加權總和超過其閾值，則該神經元會傳遞訊息給另一個神經元，形成傳輸現象。超過閾值並將消息傳遞到下一個神經元的這個現象稱之為**活化 / 激活**。

加成的過程在數學上可能很複雜。每個神經元的輸入訊號實際上是許多可能輸入訊號的加權組合，而且每個輸入訊號具有各自的加權值，意味著各個輸入可以對任何後續計算產生不同的影響，並對整個網路

的最後輸出產生不同的影響。每個神經元還會對加權後的輸入訊號進行線性或非線性的轉換。

這些輸入訊號可以透過多種方式產生,例如我們最重要的五種感知,以及攝入氣體(呼吸)、液體(飲用)和固體(進食)。單個神經元可能一次接收數十萬個輸入訊號,然後經過加成的過程,來確定是否傳遞訊息,最後使得大腦產生動作和認知功能。

大腦所進行的「思考」或處理、和後續對肌肉與器官下達的指令,都是這些神經網路發揮作用的結果。此外,大腦的神經網路會不斷地變化和自我更新,其中包括對神經元之間加權量的修改。這些變化正是學習與經歷所產生的直接結果。

鑑於此,一個合理的假設是一台計算機器若要複製大腦的功能和能力,變得有「智慧」,它必須成功地實作出電腦或人工版本的神經元網路。這就是進階統計技術和人工神經網路(ANNs)的起源。

在繼續討論人工神經網路之前,最好重新檢視人類的學習方式。事實證明在出生時,大腦(尤其是新皮質)就是一個初始的大型生物神經網路,但還未學習並發展出任何重要的理解和記憶。

當孩子們開始觀察其環境並藉感知周圍的世界來處理刺激時,數十億個神經元和數萬億個突觸會一同運作來學習和儲存資訊。這使我們有能力了解和領會資訊、識別空間和時間樣式、思考並做出心理預測、回憶資訊和記憶、根據回憶和預測來驅動行為、並且在我們的一生中持續地學習。這就是人類的智慧[2]。

現在讓我們討論一下人類如何嘗試用機器來模仿這種自然現象。

---

2 Hawkins, Jeff, and Sandra Blakeslee. *On Intelligence*. New York: Times Books/Henry Holt. 2008.

ANN 的介紹

ANN 是用於建構 AI 應用的主要工具之一，並被使用在許多很厲害且令人興奮的地方，許多在本書中有提到

ANN 是受到生物神經網路啟發且以此為模型基礎的一種統計模型。它們能夠同時進行建模並處理輸入和輸出之間的非線性關係。相關演算法是廣義機器學習領域的一部份，而我們可以在許多應用中使用它們，例如預測、自然語言處理、和樣式識別。

ANN 的特點是參數可以透過學習演算法（參數學習）進行調整，並從觀察到的資料中學習，以建構最佳化的模型。其中一些參數包括神經元路徑間的權重和偏差值。另外，還可以調整演算法的**學習率**等超參數（Hyperparameters，可調整的模型設定值）以獲得最佳性能。使用 ANN 時，工程師必須選擇合適的學習演算法及**損失**（或**成本**）**函數**。

損失函數是要用來學習所要解決問題的最佳參數值。最佳參數值通常透過**梯度下降**（*gradient descent*）等最佳化技術來達成。這些最佳化技術基本上是要試圖使 ANN 解決方案盡可能接近最佳解決方案，若能成功則意味著 ANN 能夠高效地解決預期問題；或換言之，有較高的預測準確性。

簡單來說，梯度下降是在演算法中以策略性的方式，來嘗試不同的參數值組合，以迭代找出最佳整體參數組合及模型。雖然這樣的解釋有些過於簡化，但演算法能夠確定何時接近最佳可能參數組合，並因此停止迭代過程。

在架構上，ANN 是使用層層的人工神經元或計算單元，接收輸入並應用活化（激活）函數和閾值，來決定是否要傳遞訊息，就如同生物神經元和神經網路資訊的傳播機制。

在**淺層** ANN 中，第一層是輸入層，再來隱藏層，最後是輸出層。每層可以包含一個或多個神經元。「隱藏」意謂著該層位於輸入層和輸出層之間，且該層將其輸入值轉換為下一層的輸入值。「隱藏」也代表其輸出值既不易理解也不易解釋，不像人類可理解的輸入和輸出網路值。

圖 A-4 展示了一個簡單的 ANN 範例。

人工神經網路

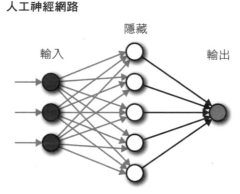

圖 A-4　人工神經網路

可以在任何指定的層中加入隱藏層和（或）神經元，來修改 ANN 模型架構，以解決更廣泛和更複雜的問題。請注意，隨著模型複雜性的增加，**過度擬合**的可能性也會增加。意思是模型在訓練資料上表現良好，但在新的和未知的資料（例如，測試資料和／或真實資料）上卻非如此。

從輸入到輸出發生的轉換鏈稱為 CAP（credit assignment path）。CAP 值是深度學習模型架構中用來代表「深度」的衡量或概念，是隱藏層加上輸出層的數量。深度學習（*http://bit.ly/2ICH3kx*）一般是指 CAP 大於 2 的神經網路架構，意即非線性轉換（隱藏）層有兩層以上。

因此，除了學習演算法本身，模型架構和調整是 ANN 技術的主要組成部分。ANN 的所有特性都會對模型的效能產生重大影響。

此外，ANN 可以透過激活函數進行調整，把神經元的加權輸入轉換為激活後的輸出。有各種轉換型式的激活函數。

值得注意的一點是，雖然 ANN 非常強大，但它們也可能是非常複雜的，且被認為是黑箱演算法，意謂著它們的內部運作很難解譯、理解和解釋。因此，在選擇是否使用 ANN 和深度學習來解決問題時應該考慮到這一點。

深度學習的介紹

深度學習，乍聽下很厲害，但實際上只是一個用來描述具有兩個或更多隱藏層的神經網路的用語。進一步歸納深度學習的特性，可以從兩個方面來看：原始輸入資料的耗用，和各種類型的架構與相關演算法。這些深度網路通過多層非線性轉換來處理資料，以在監督情況下計算目標輸出。深度學習能夠使用資料完成人類使用其他技術無法達成的目標，在撰寫本文時，它是一個非常熱門的 AI 研究和發展領域。

一般來說，深度學習代表一組稱為**特徵學習**（feature learning）或**表徵學習**（representation learning）的技術。特徵學習演算法能夠從原始資料中學習特徵，換言之是學習如何學習的演算法！當人類很難或無法為目標應用去選擇或建構出適當的特徵時，深度學習的這一特性就非常有用。當從非結構化資料（如影像、影片、聲音和以數位方式呈現的語言文字等）中學習時，特徵學習演算法能展現出最佳的優勢。在這些情況下，深度學習演算法會自動學習特徵並將其用於特定任務，例如影像分類。

深度學習神經網路的層數大於淺層的學習演算法。淺層演算法往往不太複雜，且需要預先了解要使用的最佳特徵，這部分通常涉及特徵選擇和工程。相比之下，深度學習演算法更依賴模型的選擇和透過調整模型來進行最佳化。它們更適合解決的問題是那些不需要或不必要對特徵有預先了解，以及使用案例中無法取得或不需要標記資料的情況。

影像識別就是一個很好的例子。要叫一個人去寫一個演算法，要從一張影像的畫素、各區域、尺寸、顏色變化中，識別和偵測出一隻貓，是非常困難的。原因是演算法需要知道如何在影像中尋找貓的許多不同特徵，例如，鬍鬚、尖耳朵和貓一樣的眼睛。這些特徵在許多方面如大小和形狀也不太一樣，取決於貓的類型和年齡，。

實際上，演算法需要先檢測更小、更簡單的特徵，例如線條（垂直、水平、對角線）、曲線、幾何形狀等等。當把這些簡單的特徵集合起來，便可以代表貓的臉部和頭部特徵，而再把這些較大特徵集合起來時，就可以表示貓的影像。這與高度依賴特徵選擇和特徵工程的程式碼直接實作方式不同，深度學習能夠自動學習並建立這些較小特徵的表徵和組合，只需給它足夠的訓練資料集。最終，ANN 能識別出影像中的貓，這實在令人驚嘆。

更確切地說，網路中每一層都能夠學習特徵和組成，最終達成神經網路的目標。例如，假設你正在訓練神經網路來識別是影像中是否有貓。第一層可能只是學習不同的簡單樣式，例如直線和曲線，而下一層可能會學習找到不同的特徵，例如眼睛和鼻子，再下一層可能會學習尋找不同的特徵集，例如臉或軀幹，最後將它們放在一起以確定是否為貓的影像。因此，網路能夠在層次結構中從簡單到複雜地學習特徵，然後將它們組合成一個整體解決方案。

深度學習演算法的另一個重要好處是，它們擅長對輸入和目標輸出之間的非線性和可能非常複雜的關係進行塑模。在物理宇宙中觀察到的許多現象，實際上最適合使用非線性轉換來進行塑模。有幾個非常著名的例子，像是牛頓的萬有引力定律和愛因斯坦著名的質能互換公式（即 $e = mc^2$）。

值得一提的是深度學習也有一些潛在的缺點。最明顯的就是深度學習可能需要大量的訓練資料、計算資源（成本）和訓練時間。此外，深度學習演算法被認為是目前運用到的黑箱演算法裡，最為黑箱的一種演算法。這使得在大多數情況下，可譯性、可解釋性、診斷性和可驗證性基本上是不可能的。

另外值得注意的是單一隱藏層的神經網路，即我們之前提到的淺層網路，可以進行許多與深度網路同樣的學習任務。而為了能夠進行與深度網路相同的任務，淺層網路可能需要一個異常寬的隱藏層和非常多的神經元，這使得其計算效率遠不及深度網路。

與神經網路和深度學習相關的另一種重要學習類型稱為**遷移學習**（*transfer learning*）。遷移學習是一種非常有用的技術，特別是當目標應用所需的標記資料相當缺乏時。

我們在本書前面討論了特徵空間的概念，它指的是特定問題的資料集中的所有可能特徵值組合的數量。不僅每個特徵值具有一定範圍的值（或空間），每個特徵值也可以透過某種類型的分佈來表現。

通常在機器學習應用中，就特徵空間和每個特徵的分佈而言，訓練資料應該代表模型在真實世界中可能看到的資料。有時候很難去獲得滿足這些條件的學習資料，但在其他相關領域的資料卻可能是非常足夠且相似的。

在這種情況下，可以在這些充足的資料上訓練深度學習模型，然後再把學習到的知識轉移到另一個新模型中，這個模型可以透過較少的特定領域資料對學習到的知識進行微調。此外，遷移學習非常適合重複使用學到的知識來縮短訓練時間。

深度學習應用

深度學習模型架構和演算法現在可以用在各種一般應用上。雖然詳細的討論超出了本書的範圍，但下面列出了一些相當有趣的應用。在《Deep Learning: A Practitioner's Approach》[3] 一書中有更多關於應用的討論：

- 聲音轉文本

- 語音辨識

- 聲音與文字分析

- 情緒分析

- 自然語言翻譯

- 產生句型

- 手寫辨識

- 影像塑模與辨識

- 人工影像、影片、與聲音的合成

- 圖像式問答

3　Patterson, Josh and Adam Gibson. *Deep Learning: A Practitioner's Approach*. O'Reilly Media, 2017.

深度學習也已成功用於許多具體的應用，包括：

- 從影像讀取唇語（*http://bit.ly/2IZsOFs*）

- 車內操作的語音識別（*https://zd.net/2XBeqwB*）

- 從照片與影片閱讀文字（*https://zd.net/2XBeqwB*）

- 辨識同一物種裡數以千計不同的動物（*http://bit.ly/2XlHDLR*）

結論

機器學習整體上來說是真的很厲害也很令人驚嘆，尤其是它不需要撰寫的程式，便可從資料中學習和執行任務的能力。深度神經網路能夠對非常複雜的非線性關係進行塑模，並自動從原始資料中提取特徵，以便有效地「學習如何學習」，這使得深度學習模型與眾不同，也是目前 AI 為何與深度學習相關聯的原因。

雖然神經網路和深度學習是目前最主要的 AI 演算法技術，但它們並不是 AI 工具箱中唯一的先進技術，其他非神經網路的演算法還有強化學習和自然語言等。

AI 流程

本章要介紹我建立的 AI 和機器學習流程模型，稱為 *GABDO AI 流程模型*。其包含實際準備、開發、交付和改善具體 AI 與機器學習任務和專案的端到端流程。

你可能會看到與此流程類似的其他變化，例如 CRISP-DM 和資料庫知識探勘（即 KDD）。現有的流程模型都非常好，而且也已被廣泛地採用。但我發現大部分 AI、機器學習和資料科學的資源和內容主要是為了資料科學家和機器學習工程師等實作者。因此，我建立 GABDO 模型的動機並不是要重新發明，而是想要用我認為更適合高階經理人和管理者的方式重新思考流程。

基與此，我要介紹 GABDO AI 流程模型。只有在模型名稱中提及 AI，這是因為機器學習也可以被認為是 AI 的一個子領域，所以這裡介紹的所有內容都適用於機器學習和其他 AI 技術。

GABDO 模型

圖 B-1 顯示了 GABDO AI 流程模型。

GABDO AI 流程模型由五個迭代階段組成，分別是「北極星」、獲取（acquire）、建構（build）、交付（deliver）、最佳化（optimize）。流程名稱便是由各階段字母首字縮寫而成。每個階段都可以迭代，因為任何階段都可以循環回到之前的一個或多個階段。每個階段的持續跟

許多因素有關,包括科學創新和 AI 的科學性、實證性和不確定性。也就是說,某些階段可能需要幾天的時間(例如識別目標、識別資料),其他階段可能需要幾週的時間(例如識別機會、準備資料、探索資料),還有一些階段可能需要數月甚至是數年(例如,建立和最佳化機器學習模型,和完整的正式 AI 解決方案)。

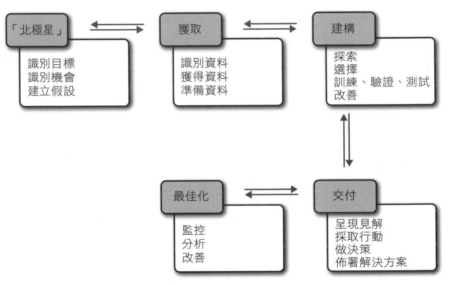

圖 B-1　GABDO AI 流程模型

你可能會注意到,GABDO AI 流程模型與 AIPB 有些相似之處。當進行 AIPB 方法論階段的建構、交付和最佳化時,便能使用 GABDO 流程模型。關鍵區別在於 AIPB 是一個策略框架,用來指引大方向及 AI 企業提案,而 GABDO 流程模型則是一個戰術層級的模型,用來指引特定 AI 和機器學習專案或任務。

現在就來概略地討論每個 GABDO 的階段,包括每個階段裡的步驟。

「北極星」

第一階段是用於識別高優先的目標和機會，並對所需特定 AI 方法和資料提出假設，以去達成預期的目標。

識別目標

流程的第一步是識別關鍵目標。目標可以是本書中或一般的任何具體的利害關係人的目標，而利害關係人可以是企業、客戶和（或）使用者。識別關鍵目標通常是高階管理人為了企業最高目標而進行，但會需要建立更細化的目標，以識別和追求特定機會和相關專案。因此，定義這些目標和接下來將介紹的潛在機會必須由商務人員、領域專家和 AI 實作者一起協作。

識別機會

下一步是識別潛在機會，以使用資料和 AI 來達到適當細度的最優先目標；更具體地來說，創造與目標一致的利益與成果。這要從問對的問題來開始。

以下是一些範例：

- 我們要追求怎樣的 AI 機會？

- 關於這些機會，我們能取得或是需要哪些資料？

- 每個機會可以用哪些模型和技術來實驗？

- 每個機會可能需要花費多少時間和精力（由於這相當受制於 AI 的科學性質，以及我們討論過的 AI 準備度和成熟度，因此可能只有大概的或無法評估）？

- 每個機會的潛在價值和投資報酬率？

識別機會的過程中也應該包含識別企業和個人的使用案例。在本書的前面內容中曾討論過。

建立假設

在你識別出恰當細度的關鍵目標和潛在機會的優先順序後，下一步就是建立一個假設，並以專案的形式來進行測試。這將有助於驗證機會並確保它們是有望成功的、可行的、以及值得追求的。

範例

這裡的範例我們會在整個 GABDO 討論中使用到。podcast 正越來越受到歡迎。假設我擁有一家經營 podcast 收聽平台的公司，其有手機和桌上型電腦介面可探索、訂閱和收聽 podcast。該平台還會在使用者所訂閱的節目有更新時，進行通知。我希望此平台能為使用者提供最好的體驗，使得他們願意付費使用我們的平台，而不是使用其他較一般且免費的選擇。

假設我注意到目前的客戶獲取能力和留存率並未達到適當的水準，因而無法滿足公司策略性成長目標。在這種情形下，我的關鍵目標便是提高客戶獲取和留存率。要達成這些目標可以藉建構出色的產品和令人愉悅的 UX，成為收費的正當理由。這最終有助於建立一家成功且能獲利的公司。

既然我們已經識別出主要目標是客戶獲取能力和留存率，那麼現在的關鍵就是要弄清楚如何使用 AI 和機器學習技術具體地實現這些目標，也就是說，如何識別出機會，以便根據我們可用的資料和進階分析成熟度來進行測試和驗證。

假設由於各種不同類別的 podcast 數量爆炸式成長，使用者因為面對太多不同的 podcast，而這些 podcast 又涵蓋如此廣泛的類別、流派和主題，所以使用者面臨著選擇超載（又稱分析癱瘓）。此時要問的一個很好的問題：是不是有一種 AI 的更好方法，來建立高度個人化的 podcast 推薦，能幫助使用者快速找到新且有趣的 podcast 來收聽，同時具一流的 UX 和設計？

一個具體且基於 AI 的構想和潛在機會，就是透過使平台更個人化、有用和愉悅，來吸引新使用者並幫助留住現有使用者（更具黏著度）。Netflix 便是此構想的類似例子。我們現在識別出了一個非常有前景的機會，那就是透過一個新的且設計精美的 podcast 推薦系統來增加客戶獲取能力和留存率。

然而，我們可能會在這裡做出一些冒險的假設，即推薦系統在建構後將產生多少預期的使用者利益並影響我們的目標。繼續我們的思考流程，提供個人化推薦應該會去除大量的猜測、努力和為了找到可能會喜歡的新 podcast 所產生的搜尋摩擦。它還可以節省大量時間，因為使用者不需要點開每個看起來很有趣的 podcast 閱讀更多關於它的資訊。

鑑於我們的構想、推理和邏輯，以及我們可以試著使用的具體資料和 AI 技術相關的一些經驗和專業知識，我們現在有一個可以進行測試的假設，來了解我們是否真的識別出一個值得追求且能達成目標的機會。這將是我們的 AI 專案。下一步便是資料。

獲取

下一階段是為建構階段來識別、獲取和準備應用到 AI 的資料，並且檢驗我們的假設。

識別資料

第一步是識別資料。這意味著識別出可得且對目標專案可能有用的資料源。這還包括識別誰「擁有」這些資料源（例如行銷、銷售）以及與誰合作來獲得存取權限，這可能包括取得存取憑證和了解獲得資料所需的方法（例如 BI 工具、SQL、API）。這還包括識別任何可以增強和（或）單獨用於應用的可能外部資料源。最後，如果所需的資料無法取得（如物聯網），此步驟或許需要識別出產生和收集新資料的方法。

獲得資料

下一步是簡單地獲取在識別步驟中識別出來的資料，這包括資料擷取和整合。這是將資料從來源處移動到另一個更適合高效準備和進階分析（透過 ETL 和 ELT 流程）的資料儲存，以及整合（合併）來自不同來源的資料的流程。比方說，可以使用查詢、資料匯出 / 輸出和 API 來取得資料。資料可以儲存在本地端的電腦（例如資料科學家的筆電）、雲計算機 / 資料庫、資料倉儲或資料湖。

準備資料

最後一步是為 AI 專案（在我們的範例中是建立推薦系統）準備資料。在本書前面關於資料驅動 AI 的討論中，我們已經從很多方面討論過這一步。可能步驟包括資料清理、資料轉換、特徵選擇和特徵工程。

接續前面的範例

在我們的 podcast 範例中，我們需要為每個平台使用者取得和準備關於他們參與度指標的資料，例如 podcast 訂閱、收聽類別、已播放的集數和收聽活動的頻率。理想情況下，我們還可以從每個使用者的偏好中取得和準備資料（他們願意且有目的地提供給此應用），以及平台上所有 podcast 的特徵資料（例如 podcast 長度、類別、評分）。

建構

到了這個階段，已經獲取並準備了好適當的資料，可使用 AI 技術測試不同的假設。希望其中一個假設得到驗證且建構出可交付成果，來促成最優先機會並實現預期目標。

建構階段用於探索獲取到且準備好的資料、挑選模型和效能指標、決定初始模型設定、基於相關假設來訓練／驗證／測試模型，以及改善 AI 模型和應用。為簡單起見，我們將在以下討論假設採用機器學習技術，但請注意，並非所有 AI 技術和應用都是基於機器學習的。

探索

下一步是為了特定 AI 機會，要來更了測試假設的資料（還記得 TCPR 模型的資料依賴性嗎？）。此步驟通常稱為探索性資料分析（EDA）。此步驟涉及使用描述性統計、摘要統計和資料視覺化等工具。摘要統計是總結有關特徵和目標變數值的資訊，例如平均值、中位數、標準差、變異數、最小值、最大值和範圍。

一般來說，在監督式機器學習下，此步驟用意在更理解資料、特徵和目標資料的潛在關係、相關性和分佈；或是用於非監督式學習應用中的特徵資料。這些資訊非常有用，而且可以在過程中幫忙做出關鍵的決策。探索也有助於找出資料的任何潛在問題，例如離群值（也稱為異常）、不良值和誤差。

選擇

流程的下一步是做出適當選擇，以測試每個假設。這分為三個步驟：模型選擇、效能指標選擇和初始模型參數選擇。請留意，雖然你可以把演算法視為訓練和最佳化特定模型的技術，並將模型當作實際應用

中由演算法驅動的學習、訓練和改善流程的產出，但演算法和模型在此情境下通常可以交互使用（例如，選擇演算法）。

因為我們的範例包含一個塑模的步驟，所以我們的第一步是選擇合適的模型類型進行嘗試。對於推薦系統，選項有協作過濾（collaborative-based filtering）和內容過濾（content-based filtering），但也有其他方法（例如矩陣分解）。需要注意的一件有趣的事情，是選擇的模型可能不如本書前面討論的其他事情重要，例如資料品質和特徵選擇。

通常會選擇和測試多個模型並相互比較，來獲得最佳效能。這裡有一件非常重要且需要注意的事情是無論你擁有多少資料，一個不適合表示資料潛在關係、相關性和分佈的模型，可能永遠不會獲得成功的結果。例如要把直線模型（例如，$y = mx + b$）套到高度非線性關係的資料上。在這種情況下，假設它們要被用於某個特定機會和應用上，那麼使用神經網路和深度學習方法可能更加地適合。

以下是選擇模型時需要考慮的一些事項：

- 透明度、可譯性、和可解釋性的重要性
- 如果可能的話，簡單（又稱簡約）要比複雜重要
- 速度（訓練、測試、和即時處理）、成本、和資源的重要性
- 可擴展性的重要性

一個不錯的方法是從簡單模型開始，然後根據需要增加模型的複雜性，且只在必要時增加。一般來說，除非你使用複雜模型後所獲得的效能有明顯提升，否則簡單將會是你的首選。

模型效能有多種定義，但總的來說，模型效能是模型能多有效地實現特定問題的目標（例如預測、分類、異常檢測、推薦）。因為每個問題的目標可能不同，因此效能的衡量也可能不同。一些常見的效能衡量有準確度、精確度和召回率等。

此步驟也需要選擇一個效能指標，用於評估選定模型的效能，也可用來和其他模型進行比較，甚至是對同一模型進行不同的調整。通常使用單一值來表示的效能指標幾乎總是最好的（例如 F-score）。

就像賽車可以透過調整空氣動力側翼角度、前後彈簧剛度、和靜態定位設定等來提高速度一樣，機器學習模型也可以透過調整來提高效能。許多模型包括經常被稱為**超參數**的可調組態參數，它能讓實作者調整模型的各種特徵，來控制模型如何學習和得出解決方案。選擇超參數初始設定值是選擇步驟裡必須包含的。在下一節中，我們會進一步地討論。

訓練、驗證、測試

下一步是訓練、驗證和測試模型。通常，用於模型訓練的資料會被分為兩個或三個子集。這些是訓練、驗證和測試要用的資料。在原始完整資料集中拆分每個子集的比例，可能因實作者的選擇而有所不同，可以是 60/20/20 的拆分，其中 60% 的資料用於模型訓練，然後每個剩餘資料的 20% 用於模型驗證和測試。

模型使用訓練資料子集來進行學習。在參數機器學習的情況下，參數是預定義的，或在非參數機器學習的情況下，參數和模型都需要學習。在此步驟中，影響潛在效能的主要因素是資料準備度和品質、所選的塑模技術以及模型的初始超參數設定。

模型訓練完成後，驗證資料子集通常用於兩個目的：一是驗證調整不同超參數對效能的影響，二是確保模型能夠很好地處理新的和未知的資料（即模型訓練資料以外的資料）。模型處理新的和未知的資料（即普及性）的能力十分重要，因為模型的目標就是能夠普及到真實世界中遇到的任何資料，其與訓練期間使用的資料可能有所不同。在訓練和驗證資料子集之後，用測試資料子集測試模型以獲得模型效能預估。

當模型在訓練資料子集上有非常好的效能，但對於新的和未知資料
（例如在驗證或測試資料集中的資料）來說效能卻不好，則該模型被
稱為**過度擬合**（*overfitting*）或**欠擬合**（*underfitting*）。在機器學習
裡技術性的討論中，有時這被稱為**偏差與變異數的權衡**。這個主題
可以再進一步詳細討論，但在此我們只是簡單提到。整體目標是要建
立一個模型，在訓練資料與新的和未知資料（例如，驗證、測試和真
實世界資料）上應該要表現得一樣好。

改善

最後一步是改善有前景模型的效能。這是用額外的超參數最佳化技術
等流程來完成的，也可以透過資料集完善、特徵選擇、特徵工程和其
他技術進行調整。

接續前面的範例

在我們的 podcast 範例中，在探索資料並測試許多不同的方法之後，
我們發現了一個在現有資料和預期結果下效果最好的技術。在開發過
程從推薦系統來評估真實狀況的成果有點困難，因此我們需要將其佈
署到我們的正式平台，以便可以開始與真正的使用者互動，可以開始
更了解它的效能。

交付

這個流程的下個階段是交付特定 AI 專案的結果。根據不同的情況，交
付會涉及許多的事情。GABDO 模型定義了特定成果的四個步驟，可
能不是所有 AI 專案都適用。

呈現見解

當在建構階段產生可行動見解，這些見解應該傳達（交付）給利害相關者。可以用口述、書面或兩者併行的形式溝通結果。自動或手動產生的報告，也是另一種可交付成果。最後，可行動見解也可以數位形式呈現，例如儀表板或行動 app。

採取行動

如果不採取行動，可行動見解就沒有價值。槓桿就是用來拉動的，決定要拉動哪個槓桿、要拉動多少，就決定了進階分析的應用會多出色。用資料和其產生的見解來採取行動；這正是變得更加資料知情與資料驅動的關鍵步驟。

做決策

如果見解建議要採取行動，而採取行動意味著要做出決定，那就去做。依資料知情和資料驅動進行決策改變了遊戲規則，明顯地改善了以往用歷史先例、簡單分析和直覺的做決定方法。

佈署解決方案

許多 AI 應用使用了高效能的機器學習模型，其可以單獨成為一獨立應用，也可以整合到正式解決方案中。在本書前面的 AIPB 內容中，我們詳細介紹了把 AI 解決方案佈署到正式環境。在戰術、專案為基礎的 GABDO 流程模型裡，我們簡單地將解決方案稱為可交付 AI 成果。

接續前面的範例

在我們的 podcast 範例中，我們會採用表現最好的推薦引擎和 UX/UI 設計，並且將它們佈署到我們的平台上，讓使用者可以使用最好的、令人愉悅的 UX，來接收高度個人化的推薦。

最佳化

對於已佈署的可交付 AI 成果，最後一步是隨著時間進行改善和最佳化。舉個例子來說，AIPB 的最佳化階段不只是最佳化單個機器學習模型。最佳化適用於整個解決方案、及其所有方面（例如對目標和企業 KPI、UX 和愉悅度、客戶留存和成長的影響）。最佳化階段的步驟分別是監控、分析和改善。

監控

一個非常重要且需要考慮的事情是，今天運行良好的模型明天卻不見得會運行良好。這個結果是源於數個因素。首先事情本來就會隨著時間改變。而改變的原因可能是趨勢（例如購買、流行產品）、進階技術、收集的資料（例如，特徵、粒度）、人們的興趣和行為、以及季節性和其他與時間和事件相關的影響。當這種情況發生時，正式運行的模型所看到的新的和未知的資料，可能與先前模型訓練和測試的資料不同，因此模型的效能可能會下降。這通常被稱為**模型漂移**（*model drift*）。

為了得知模型是否漂移，強烈建議開發和實作一個效能監控解決方案。理想情況下，此解決方案能夠隨時報告模型效能，並在效能顯著下降時發出警報。擁有這資訊將使實作者能夠訓練出新模型，並更新在正式環境中運行的模型。

另一種方法是根據適當頻率或採用自動化流程，定期更新正式運行的模型。這也是一個很好的選擇。一般來說，監控要一直進行。

分析

如果你無法決定可交付 AI 成果是否創造或創造了多少價值和能持續多久（正如有人說，沒有什麼是永恆的），那麼去開發將資料轉化為價值的可交付 AI 成果就沒有多大意義。這就是制訂成功指標或 KPI 來衡

量價值、投資報酬率和改善狀況的重要之處,以及搭配流程來定期分析它們以得到見解並推動未來行動和決策,以進行改善和最佳化。值得一提的是成功指標可以是定量的,也可以是定性的。

分析和產生的見解也可能指出是否應該放棄該產品或功能,而這會是一個極為有效的結論。珍貴的時間和金錢等資源不應該被白白浪費,最好是用於能夠幫助實現預期目標和成果的提案和專案上。

改善

把可交付 AI 成果佈署到正式環境後,應不斷對其進行改善和最佳化。最佳化是改善最大化的程度;也就是說,在給定的時間裡,盡可能地改善某些東西。

如前所述,可能的改善和最佳化的指引和建議來自於適當的監控和分析,也來自於相關的商務人員、領域專家和 AI 實作者的持續協作。

接續前面的範例

現在,我們已經為 podcast 平台開發並佈署了一個正式運行的推薦系統,同時假設我們已經做出了監控、追蹤和分析機制,來幫助我們真正地了解新推薦系統的效能。我們的分析策略包含手動(資料科學)和自動化(預測 / 指示性分析)分析。這些關於產出效能的分析,將有助於在資料知情和資料驅動的情況下,對產出進行改善和最佳化。

具體來說,我們需要了解是否我們的推薦系統有為使用者提供了額外的價值(好處),並因此幫助我們實現了獲取和留存的目標。我們依序來討論這些事情。

對於客戶獲取,一個可以使用的簡單指標,是在選定時間區段內的新使用者註冊數。我們會查看自佈署可交付 AI 成果以來,每月的新註冊

使用者數量，特別是查看註冊使用者的平均成長。這應該能讓我們對投資報酬率有相當好的了解，但值得注意的是它主要顯示的是結果而不是原因。而為了增加客戶獲取，可能需要行銷、UX 與 UI 更新和活動，來告知潛在使用者這個很棒的新功能和它能帶來的好處，特別是讓他們選擇你的平台的好處。要獲取更多的使用者，不能僅依賴或僅去建構一個很酷又有用的新功能。

另一方面，還有很多指標可去分析留存率。例如制訂使用者參與度的指標，像是平台使用頻率、每次登入平台活動的時間、查找和訂閱新 podcast（與轉換相關的指標）、使用時的使用者行為和流量，以及客戶流失減少狀況。

結論

我們已經說明了 GABDO AI 流程模型的所有階段和步驟，並提供了一個相關的範例。整個流程的目標是為了準備、開發、交付和最佳化 AI 專案，其與高優先目標和機會相一致。

正式環境中的 AI

如第 13 章簡略提到的，探索性機器學習和 AI 開發之間存在很大差異，因為創建可正式運行的 AI 解決方案，需要實際去佈署、監控、維護和進行最佳化。

本附錄涵蓋了 AI 在正式環境和開發環境中許多關鍵的注意事項和差異，包含運算環境的概念、本地 vs. 遠端開發、正式環境可擴展性的概念、用於持續改善的不同類型的 AI 學習、和 AI 解決方案的維護。

正式 vs. 開發環境

「環境」這個詞是指實體或虛擬計算機器，其特徵在於有操作系統、組態、資源（例如 RAM、CPU）、資料和一組特定的已安裝軟體。

開發環境可以是本地環境或遠端環境，它們是資料科學家或機器學習工程師在把解決方案佈署到真實世界之前，進行編寫、測試和最佳化可交付成果（例如，預測模型、推薦系統、評分引擎）的地方。

在可交付成果建立後且成功滿足所有功能性和非功能性需求，並通過所有適用的測試後，它便會被佈署（即發佈）到正式環境裡。正式環境是軟體持續運行的地方，也通常是可使用的環境。

以硬體的角度來看，開發環境是運行在筆記型電腦、桌上型電腦和伺服器上的。若為虛擬的情況下，虛擬運算環境是運行在實際的硬體伺服器上，並且通常以虛擬機器（VM）或使用如 Docker 等技術的容器的形式存在。這些虛擬機器位於雲端、自建或託管環境裡。

軟體應用通常在整合到正式解決方案前，供所有預期使用者作為實際運用工具的一部份之前，會分階段進行開發和測試。將軟體整合到正式解決方案的過程通常稱為**軟體發佈、佈署**或**持續交付**。

資料科學家、機器學習工程師和軟體工程師在開發階段撰寫程式碼來建立軟體，接著在開發後對軟體進行軟體品質確保和／或自動化測試，以確保軟體按需求運行且沒有錯誤。當軟體被驗證可以如預期般地運行且判斷沒有錯誤時，它就會被佈署到正式環境中來使用。

通常會為每一個階段建立不同的運算環境（可能是實體或虛擬），並且按照相應的階段進行命名。常見的環境名稱有開發、預備（staging）和正式環境。預備環境是指在部分軟體準備好佈署到正式環境之前，針對它們進行測試的環境。在本章接下來的內容中，我們會聚焦在開發和正式環境，以及它們之間的差異。

因為正式使用與開發和原型設計時的需求和環境不同，若在不對的環境裡佈署程式碼和 AI／機器學習的可交付成果可能相當困難。另外，由於正式環境裡經常運行大型應用程式（例如 SaaS），而 AI 或機器學習元件只是整體功能和使用者體驗的一部分，這使得情況變得更加的複雜。

鑑於此，在將 AI 可交付成果佈署到正式環境時，有幾個選項需要考量。第一種是在現有的正式系統增加功能性，使用與開發時相同的機器學習語言和工具來開發。你可以模組化的方式來實現它；例如，以 API 服務的方式或是以託管微服務於雲端透出端點的方式。雖然這選擇可能不會有最好的效能，但它卻具有一致性和簡單性的優點。

另一種選項是可以把程式碼轉譯成另一種語言和框架，使它能與既有程式語言（如 Java）更相容且效能更好。但請記住這個選項可能非常昂貴且耗時。還有值得注意的是不管採用哪一種選項，當在正式

環境中佈署與維護 AI 解決方案時，可能會有相對較多的 DevOps／DataOps 和網站可靠性工程相關的工作和人才需要。

本地端與遠端開發

通常在開發階段，機器學習任務是在實作者本地端的桌上型電腦或筆記型電腦上進行的。在大多數的狀況下，這是可行的，但在某些情況下，開發可以或應該從遠端機器（例如在雲端）上進行。

以下是在本地端開發環境中，執行全部資料科學或大數據相關任務是不實際或不好的一些主要原因：

- 由於對資料安全和隱私的關注與潛在監管日益地增加，因此在 AWS 或 GCP 等遠端和受控環境中儲存所有資料並執行全部的分析任務可能是有好處或必要的。

- 資料集過大，開發環境的系統記憶體（RAM）不適合進行模型訓練或其他分析。

- 開發環境的處理能力（CPU）無法在合理或充足的時間內執行任務，或者根本無法執行任務。

- 通常會傾向使用更快和更強力的機器（CPU、RAM 等），而不是強加必要的負載在本地端的開發機器上。

當這些情況出現時，有多種選擇可以選用。相較於使用資料科學家的本地端開發機器，人們通常用自建且強力的運算機器或雲端的虛擬機器（VM）進行運算工作。使用 VM 和自動擴展集群的好處是你可以根據需要啟動和棄用它們，並進行客製來滿足你運算和資料儲存的需求。

雲端計算的其他好處包括能夠使用高度最佳化的硬體（例如 GPU）進行模型訓練，尤其是進行深度學習的應用。另一個好處是能夠使用分

散式處理、資料庫和查詢系統（如 Hadoop 和 Spark）來處理非常大量的資料處理、儲存與查詢需求。

對於處理或學習任務所需的資料大於單台電腦記憶體（RAM）的情況，你可以使用核外（out-of-core）、外部記憶體或增量學習技術和演算法。

正式環境的可擴展性

在建構正式 AI 解決方案時，可擴展性（即處理系統預期負載的能力）是一個非常重要的考量因素。所需的可擴展性通常是透過垂直或水平擴展來實現。

垂直擴展的意思是增加單台機器的記憶體容量和處理能力（有時也包括硬碟儲存），而水平擴展的意思是額外增加低成本、通用型運算資源來分散工作負載。後者通常被稱為**分散式運算**。這兩種選擇通常都會導致成本的增加。

另一種水平擴展技術，需透過正式模型處理資料以處理大量同步請求的，是把相同模型佈署到許多不同的機器上，並且透過路由分配請求（例如負載平衡），或者使用像 AWS 的 Lambda 等技術啟動暫時的、隨需的、無伺服器工作負載。Lambda 等無伺服器技術具有高度的可擴展性，而且不需要建立、維護和運行一套完整伺服器的一般花費。

其他選項包括使用平台即服務（PaaS，例如 Heroku）或基礎設施即服務（IaaS）的提供商，如 AWS 或 GCP。使用這些平台將有助於去除許多與系統和網路管理、DevOps/DataOps 和網站可靠性工程相關的許多複雜性。另外，有越來越多具有可擴展性且特定的 API 被當作一種服務，來提供各種 AI、機器學習和其他進階分析的相關功能。

學習與解決方案維護

AI 解決方案最終在本地端或遠端的開發環境裡訓練出來。當你開發與測試完它們後，可交付成果便會被佈署到正式環境，其中新的且未知的資料會經過這個環境，來產生預期的好處與成果。這個過程可以採用離線批次、即時（最小時間延遲）或近乎即時（例如可接受的幾秒或幾分鐘的延遲）的方式。

離線學習（又為批量學習）是指可交付成果在正式環境之外使用完整資料集或資料子集（小批量）進行訓練。這涉及了儲存體以及從資料儲存處（像是關聯式資料庫、NoSQL 資料庫、資料倉儲、或資料湖）中存取資料。

另一方面，線上學習是指在具有生產資料的生產環境中，線上進行可交付成果的保留和再創造以及績效評估。此過程通常以數分鐘、數天或更長的循環間隔（節奏）來進行。

雖然線上學習是為了不斷變化的資料，進行維護和保持目標效能，同批量學習一樣，它也被設計用來在不需要對整個資料集進行重新訓練的情況下，進行增量更新和改善已佈署解決方案。這需要高性能和可用的資料儲存與存取，而且受到網路通訊、延遲和網路資源可用性等因素的影響。

線上學習與線上演算法的概念有關，線上演算法是隨時接收輸入，而不是像離線演算法那樣一次性地接收輸入。線上學習也和增量學習技術有關，意即模型會在新資料到達時繼續學習，同時保留先前學習的資訊。

由於資料和 AI 解決方案所基於的資訊，會因為趨勢、行為和其他因素而隨時間變化，因此應該定期更新解決方案。這使得它們能捕捉這些

變化並保持所需的效能水準。如果不進行更新,將很容易發現效能下降或漂移,尤其是對於預測模型來說更是如此。

在將新且最佳化後的可交付成果佈署到正式環境之前,通常會手動地進行可交付成果的訓練與最佳化迭代。但也可以用自動化學習來自動更新可交付成果。自動化學習是指模型訓練、驗證、效能評估和最佳化是以規律的節奏自動執行,然後把新的和改善後的模型佈署到正式環境以替代現有模型。佈署過程可以是自動的,也可以是手動的(用於額外的安全檢查)。

這種方法應該包括某種形式的模型效能追踪和比較的框架,來確定自動產生和驗證的模型是否有比先前的或基礎的模型更好。

參考書目

- Coppenhaver, Robert. *From Voices to Results - Voice of Customer Questions, Tools and Analysis: Proven techniques for understanding and engaging with your customers*. Packt Publishing, 2018.

- Domingos, Pedro. The Master Algorithm: How the Quest for the Ultimate Learning Machine Will Remake Our World. New York: Basic Books, 2015.

- Drexler, K.E. (2019): "Reframing Superintelligence: Comprehensive AI Services as General Intelligence", Technical Report 2019-1, Future of Humanity Institute, University of Oxford.

- The Future of Jobs Report 2018, World Economic Forum, Switzerland, 2018.

- Hawkins, Jeff, and Sandra Blakeslee. *On Intelligence*: Times Books/Henry Holt, 2008.

- Horowitz, Ben. *The Hard Thing About Hard Things: Building a Business When There Are No Easy Answers*. New York: HarperCollins, 2014.

- Hu, H. (2015). Graph Based Models for Unsupervised High Dimensional Data Clustering and Network Analysis. UCLA. ProQuest ID: Hu_ucla_0031D_13496. Merritt ID: ark:/13030/m50z9b68. Retrieved from *http://bit.ly/2X1gRss*.

- Krug, Steve. *Don't Make Me Think, Revisited: A Common Sense Approach to Web Usability*. 3rd ed., New Riders, 2014.

- National Commission on Technology, Automation and Economic Progress, Technology and the American Economy, Volume 1, February 1966, pg. 9.

- Olsen, Dan. *The Lean Product Playbook: How to Innovate with Minimum Viable Products and Rapid Customer Feedback*. New Jersey: Wiley, 2015.

- Patterson, Josh, and Adam Gibson. *Deep Learning: A Practitioner's Approach*. O'Reilly Media, 2017.

- Pearl, Judea, and Dana Mackenzie. *The Book of Why: The New Science of Cause and Effect*. New York: Basic Books, 2018.

- Sinek, Simon. *Start with Why: How Great Leaders Inspire Everyone to Take Action. New York*: Portfolio/Penguin, 2009.

索引

※ 提醒您：由於翻譯書排版的關係，部份索引名詞的對應頁碼會和實際頁碼有一頁之差。

L

M

N

關於作者

Alex Castrounis 是 InnoArchiTech 的創辦人、CEO 和首席顧問。作為企業、分析和產品管理方面的專家，他擁有近 20 年的創新經驗。他主要的專業領域是資料科學和進階分析。

Alex 已幫助各種規模和各種產業的公司從技術創新和數位轉型中受益，並建構出色的資料產品。Alex 也是一位經驗豐富的演講者和老師，他幫助成千上萬的人掌握資料科學和進階分析的內容和好處。Alex 與他的妻子和他們的貓住在芝加哥。

關於譯者

王薴君

於科技業擔任主管職務多年，目前於系統稽核、顧問、譯者、創業者、博班學生等多重角色耕耘期許自己不斷學習、學用並進。

譯文疑問或相關領域討論，請聯繫出版社或 shellyppwang@gmail.com

盧建成

於大型企業擔任主管帶領數位轉型多年。目前持續深耕變革管理、DevOps、資訊安全、與隱私保護等領域，是一名創業者、審查員、和教育者。期許自己能夠協助更多追求成長的人與組織，獲得成功。

譯文疑問或相關領域的討論，請聯繫出版社或 iamaugustin@gmail.com

出版記事

封面插圖由 Karen Montgomery 繪製，使用來自 Adobe Stock 的圖片。

AI 策略｜人與企業的數位轉型

作　　者：Alex Castrounis
譯　　者：王薌君 / 盧建成
企劃編輯：蔡彤孟
文字編輯：詹祐甯
設計裝幀：陶相騰
發 行 人：廖文良

發 行 所：碁峰資訊股份有限公司
地　　址：台北市南港區三重路 66 號 7 樓之 6
電　　話：(02)2788-2408
傳　　真：(02)8192-4433
網　　站：www.gotop.com.tw
書　　號：A621
版　　次：2022 年 10 月初版
建議售價：NT$400

國家圖書館出版品預行編目資料

AI 策略：人與企業的數位轉型 / Alex Castrounis 原著；王
　薌君, 盧建成譯. -- 初版. -- 臺北市：碁峰資訊, 2022.10
　　面；　公分
　　譯自：AI for People and Business
　　ISBN 978-626-324-210-4(平裝)
　　1.CST：人工智慧　2.CST：資訊科技
312.83　　　　　　　　　　　　　　　　　111008034

讀者服務

- 感謝您購買碁峰圖書，如果您
  對本書的內容或表達上有不清
  楚的地方或其他建議，請至碁
  峰網站：「聯絡我們」\「圖書問
  題」留下您所購買之書籍及問
  題。(請註明購買書籍之書號及
  書名，以及問題頁數，以便能
  儘快為您處理)
  http://www.gotop.com.tw

- 售後服務僅限書籍本身內容，
  若是軟、硬體問題，請您直接
  與軟體廠商聯絡。

- 若於購買書籍後發現有破損、
  缺頁、裝訂錯誤之問題，請直
  接將書寄回更換，並註明您的
  姓名、連絡電話及地址，將有
  專人與您連絡補寄商品。